MANUEL

DE

GÉOLOGIE ÉLÉMENTAIRE

SUPPLÉMENT

TRADUIT SUR LA DEUXIÈME ÉDITION, REVUE.

SOMMAIRE.

Couches Pliocènes d'Angleterre.

Preuves déduites des coquilles fossiles, qu'un refroidissement graduel de climat a eu lieu en Angleterre aux périodes successives des Crags Corallin, Rouge, et de Norwich. — Monographie des mollusques du Crag, par Searles Wood. — Le Mastodonte du Crag, espèce Pliocène. — Différents groupes de mammifères fossiles au sein des dépôts d'eau douce et de ceux de transport (*drift*) de la vallée de la Tamise. — Bœuf musqué fossile dans le terrain de transport des environs de Londres et de Berlin.

Où tracer la ligne de démarcation entre les couches Tertiaires Éocènes et Miocènes ?

Classification des couches Miocènes et Éocènes. — A quel point doit finir le Miocène Inférieur et commencer l'Éocène Supérieur. — Motifs qui ont fait proposer un changement de nomenclature. — Coquilles et quadrupèdes fossiles, Miocènes, des Collines Sewâlik ou Sub-Himalayennes.

Faune Miocène des Collines Sewâlik.

Singe de grande taille, Miocène, du midi de la France.

Dénudation du Weald.

Découverte de Crag Inférieur au sommet des Downs du nord, entre Folkestone et Dorking.

Nouveaux mammifères fossiles du Purbeck ou couches Oolitiques Supérieures, dans le Dorsetshire.

Découverte de sept ou huit genres de Mammifères dans les couches du Purbeck ou Oolitiques Supérieures du comté de Dorset. — Premier exemple d'une mâchoire de mammifère dans les Roches Secondaires. — Marsupiaux et Placentaires insectivores ; Marsupiaux herbivores. — Figures et descriptions. — Nouveau jour jeté sur le *Microlestes*, ou Mammifère Triasique le plus ancien. — Portée générale des nouvelles découvertes.

Découverte de débris de Mammifères au sein de roches d'une haute antiquité dans la Caroline du Nord, États-Unis.

Trias Supérieur des Alpes Orientales.

Équivalent Marin du Trias Supérieur constaté dans les Alpes Autrichiennes. — Vraie position des lits de Saint-Cassian et de Hallstatt. — 800 nouvelles espèces de Mollusques et de Rayonnés Triasiques. — Chaînons ainsi fournis pour lier les faunes Paléozoïque et Néozoïque.

Sur l'existence supposée de végétaux Phænogames (non Gymnospermes) dans la formation Houillère.

Roches Siluriennes et Cambriennes, et théorie des Colonies, de M. Barrande.

Ancienneté d'Oiseaux fossiles.

Paris. — Imprimerie de L. Martinet, rue Mignon, 2.

AU

MANUEL DE GÉOLOGIE

ÉLÉMENTAIRE

TRADUIT SUR LA DEUXIÈME ÉDITION, REVUE

PARIS

SUPPLÉMENT

AU

MANUEL DE GÉOLOGIE

ÉLÉMENTAIRE

Par sir CHARLES LYELL,
Membre de la Société Royale de Londres, auteur des *Principes de Géologie*, etc.

TRADUIT SUR LA DEUXIÈME ÉDITION, REVUE

Par M. HUGARD,
Aide-naturaliste au Muséum, membre de l'Académie royale des sciences de Turin, etc., etc.

PARIS
LANGLOIS ET LECLERCQ, ÉDITEURS,
RUE DES MATHURINS-SAINT-JACQUES.
1857

MANUEL

DE

GÉOLOGIE ÉLÉMENTAIRE

SUPPLÉMENT A LA CINQUIÈME ÉDITION.

LONDRES, 25 MAI 1857.

COUCHES PLIOCÈNES D'ANGLETERRE.

Couches Pliocènes d'Angleterre. — Preuves que fournissent les coquilles fossiles d'un refroidissement graduel de climat en Angleterre aux périodes successives des Crags Corallin, Rouge, et de Norwich. — Monographie des mollusques du Crag, par Searles Wood. — Le Mastodonte du Crag, espèce Pliocène. — Différents groupes de mammifères fossiles au sein des dépôts d'eau douce de la formation de Transport (*Drift*) de la vallée de la Tamise. — Bœuf musqué fossile du Terrain de Transport des environs de Londres et de Berlin.

Depuis la publication de la cinquième édition de cet ouvrage, M. Searles Wood a terminé son importante Monographie des coquilles du Crag et du Tertiaire Supérieur d'Angleterre (1). Les résultats géologiques du consciencieux examen qu'il a fait d'un aussi grand nombre d'espèces de testacés concordent avec la classification que nous avions déjà adoptée (pages 250-269, etc., t. I), surtout quant à la position des différentes divisions du Crag dans les grandes séries des formations d'Europe. Cette Monographie nous prouve aussi,

(1) *Société Paléontographique*, 1848 à 1856.

jusqu'à l'évidence, qu'un refroidissement graduel de climat a eu lieu en Angleterre depuis l'époque des couches Pliocènes anciennes, jusqu'à celle des plus modernes, refroidissement qu'avait déjà admis, d'après les coquilles du Crag, en 1846, Feu Édouard Forbes (1). Nous n'avons pas reçu de M. Wood lui-même une analyse de cet excellent traité ; mais nous y suppléerons en donnant les tableaux suivants, qui font ressortir diverses conclusions générales auxquelles paraît devoir conduire l'ensemble des coquilles. Pour dresser ces tableaux, nous avons été habilement secondé par M. S. P. Woodward, l'auteur bien connu du *Manual of the Mollusca, Recent and Fossil* (2).

Nombre des Espèces connues de Testacés Marins dans les trois dépôts Pliocènes d'Angleterre appelés Crag de Norwich, Crag Rouge et Crag Corallin.

Brachiopodes	6
Conchifères	206
Gastéropodes	230
Total	442

Distribution des Testacés Marins précédents.

Nombre des espèces.		Espèces communes aux	
Crag de Norwich	81	Crag de Norwich et C. Rouge (absentes du C. Corallin)	33
		Crag de Norwich et C. Corallin (absentes du C. Rouge)	4
Crag Rouge	225	Crag Rouge et C. Corallin (absentes du C. de Norwich)	116
Crag Corallin	327	Crags de Norwich, Rouge, et Corallin (3)	19

Proportion entre les Espèces Récentes et les Espèces Éteintes.

	Récentes.	Éteintes.	Pour 100 Récentes.
Crag de Norwich	69	12	85
Crag rouge	130	95	57
Crag corallin	168	159	51

(1) Mém. du *Geol. Survey*, Londres, 1846, p. 391.

(2) Londres, 1853-56.

(3) Ces 19 espèces doivent être ajoutées aux nombres 33, 4, et 116 respectivement, de manière à obtenir la vraie proportion des espèces *communes* dans chacun de ces cas.

Espèces Récentes qui ne vivent plus aujourd'hui dans les mers Britanniques.

	Espèces septentrionales.	Espèces méridionales.
Crag de Norwich.	12	0
Crag Rouge	8	16
Crag Corallin.	2	27

Dans la liste ci-dessus je n'ai pas compris les coquilles des lits glaciaires de la Clyde, ni celles de divers autres dépôts Britanniques d'origine plus moderne que le Crag de Norwich, lits et dépôts dont les espèces sont presque toutes, et peut-être toutes, récentes, bien que M. Wood les ait décrites comme fossiles, ou les ait énumérées dans son Appendice. J'ai passé aussi sous silence, avec intention, les coquilles terrestres et celles d'eau douce, au nombre de trente-deux, ainsi que trois espèces de coquilles de l'Argile de Londres, que M. Wood lui-même regarde comme douteuses.

Le plus grand nombre des espèces marines récentes indiquées dans ces tableaux habitent encore les mers Britanniques, mais elles varient considérablement par leur abondance relative : quelques-unes des plus communes du Crag sont extrêmement rares dans la période actuelle : par exemple, le *Buccinum Dalei;* d'autres, qu'on ne rencontre qu'en nombre très limité à l'état fossile, sont au contraire de nos jours fréquentes : telles sont le *Murex erinaceus* et le *Cardium echinatum.*

La fin du tableau jette une vive lumière sur le changement marqué de climat qui s'est fait sentir aux trois périodes successives. On verra que, dans le Crag Corallin, se trouvent vingt-sept coquilles méridionales, parmi lesquelles vingt-six espèces Méditerranéennes, et une, des Indes Occidentales (*Erato Maugeræ*). De ces coquilles, treize seulement existent dans le Crag Rouge, associées à trois nouvelles espèces méridionales, tandis que la totalité disparaît des lits de Norwich. D'un autre côté, le Crag Corallin ne contient que deux coquilles arctiques, *Admete viridula* et *Limopsis pygmæa;* au contraire le Crag Rouge fournit huit espèces septentrionales, toutes se reproduisant dans le Crag de Norwich, avec quatre autres, habitantes aussi des régions arctiques; il y a donc tout lieu de croire qu'un refroidissement continu de climat a prévalu durant la période Pliocène en Angleterre. La présence de coquilles septentrionales ne saurait s'expliquer par la supposition que celles-ci auraient fréquenté les niveaux profonds de la mer ; en effet, quelques-unes d'entre elles, par exemple la *Tellina calcarea* et l'*Astarte borealis*, abondamment répandues, ont quelquefois leurs valves encore unies par les ligaments; elles accompagnent d'autres coquilles littorales telles que *Mya arenaria* et *Littorina rudis;* sans aucun doute, elles vécurent dans des eaux basses. Cependant le caractère septentrional du Crag de Norwich n'est pas complétement démontré par le simple fait que cette formation contient douze espèces du Nord, n'existant plus dans les mers Britanniques actuelles; en effet, diverses coquilles boréales qui de nos jours se montrent encore retardataires dans les bas-fonds en Écosse, y sont cependant beaucoup plus rares qu'aux derniers jours de la période du Crag. C'est surtout la prédominance de certains genres et espèces qui conduit le conchyliologiste à voir un caractère arctique dans le Crag de Norwich. De même, c'est la présence de genres tels que *Pyrula*, *Columbella*, *Terebra*, *Cassidaria*, *Pholadomya*, *Lingula*, *Discina* et autres, qui donne un aspect méridional aux coquilles du Crag Corallin.

Pour conclure, nous ferons observer que le froid qui alla croissant depuis l'époque du Crag Corallin jusqu'à celle du Crag de Norwich continua, avec des oscillations peut-être, à sévir de plus en plus après l'accumulation de ce dernier dépôt, jusqu'à atteindre son maximum, celui de la période dite Glaciaire. La faune marine de cette période contient, en Irlande et en Écosse, des espèces récentes de mollusques qui vivent aujourd'hui dans le Groënland et autres régions, à de très grandes distances au Nord des surfaces de pays où nous rencontrons leurs débris à l'état fossile.

Ce ne sont pas précisément les deux formations plus anciennes dont il vient d'être question, mais les dépôts lacustres et fluviatiles (quelques-uns contemporains du Crag marin de Norwich et d'autres groupes postérieurs à celui-ci) qui présentent la plus grande difficulté à la classification dans l'Est et le Sud de l'Angleterre. En traitant du Pliocène Nouveau et de la Formation de Transport de la vallée de la Tamise, j'ai fait voir combien le sujet restait encore obscur, et j'ai essayé d'en dévoiler les causes (Chap. XIII, pages 246 à 249, t. I). Chaque année, toutefois, emporte avec elle quelque point d'incertitude : la vraie position relative des divers lambeaux de la croûte superficielle commence à se dessiner avec plus de netteté, et les caractères spécifiques des mammifères et des coquilles acquièrent des bases plus solides. En premier lieu, la présence, que nous avons ailleurs constatée, de plusieurs coquilles marines d'espèces septentrionales au sein du Crag de Norwich, et le mélange de ces coquilles à d'autres ayant un caractère d'eau douce ou terrestre; puis, dans le même dépôt, quelques mammifères d'une nature plus méridionale; — cette association s'explique peut-être par la supposition que la mer du Crag de Norwich aurait été ouverte vers le pôle, avec îlots disséminés à sa surface, et que la terre ferme de la même période se serait étendue au loin vers le Sud. Dans cette dernière direction, il pouvait exister un continent d'où s'écoulaient, vers le Nord, des rivières nourrissant dans leurs eaux l'Hippopotame et des coquilles telles que *Cyrena consobrina*.

Le Mastodonte découvert dans le Crag Rouge et dans celui de Norwich (t. I, p. 251, et fig. 135, p. 266) a été aussi, dernièrement, considéré comme espèce Miocène ou Falunienne. Adoptant cette manière de voir, et donnant à l'espèce le nom de *M. angustidens*, sur l'autorité de M. le professeur Owen, j'avais pensé d'abord que ses débris osseux provenaient de couches plus anciennes, d'où ils auraient été entraînés dans le Crag, offrant ainsi une certaine analogie avec le mélange que l'on rencontre quelquefois de fossiles de l'Argile de Londres et de la Craie au sein du même dépôt. Du reste, on a récemment signalé plusieurs dents de ce pachyderme éteint avec de nombreux os auriculaires de baleine, à Felixstow, au travers de ce qu'on appelle le *detrital bed* (lit à détritus) si riche en phosphate de chaux, et employé en agriculture. Cette accumulation de matériaux transportés gît à la base du Crag Rouge, et l'on a supposé que les mammifères fossiles qu'elle recèle provenaient de la destruction d'un groupe de couches plus ancien. Quant au Mastodonte ci-dessus mentionné, le docteur Falconer, qui a consacré quinze années à l'étude des Proboscidiens récents et fossiles, m'assure que le fossile est un animal Pliocène bien connu, observé en Auvergne par MM. Croizet et Jobert, et nommé par eux *Mastodon Arvernensis*. Cuvier n'a pas adopté ce nom ; il n'avait connu de l'animal qu'un très petit nombre de spécimens provenant d'Auvergne, et il l'avait confondu avec le *M. angustidens*. Aujourd'hui que l'on en possède deux squelettes entiers, on peut établir ses rapports à deux sous-genres distincts. Le fossile du Crag appartient au *Tetralophodon* de Falconer, sous-genre dont on connaît cinq espèces, et ainsi nommé parce que la pénultième vraie molaire est ornée de quatre crêtes, de même que les deux dents placées immédiatement devant cette dernière aux deux mâchoires. Le *Mastodon angustidens*, d'un autre côté, se range avec six autres espèces dans la section appelée *Trilophodon*, dans laquelle les dents analogues aux précédentes montrent chacune trois crêtes. Ce Mastodonte, suivant MM. Lartet et Falconer, est caractéristique des Faluns et de la Mollasse à Sansan, au pied des Pyrénées, et de diverses autres localités Miocènes (1).

Le *Mastodon Arvernensis* est, d'après le docteur Falconer, la seule espèce du genre que l'on ait constatée jusqu'à présent en Angleterre. Il abonde avec l'*Hippopotamus major* du même âge dans le Piémont et à Montpellier. On peut, par conséquent, le considérer comme une espèce Pliocène caractéristique ; cette

(1) Le professeur Owen a donné (*Quart. Geol. Journ.*, février 1856, p. 223), comme synonyme du Mastodonte du Crag, le nom de *M. longirostris*, Kaup, fossile des Sables Miocènes d'Eppelsheim, que Falconer rapporte au sous-genre *Tetralophodon*.

manière de voir s'accorde du reste avec le fait que ses débris sont mieux conservés dans les couches d'eau douce associées au Crag de Norwich, et contemporaines de cette formation. Mais aucune preuve n'établit qu'il ait survécu en Angleterre jusqu'à l'époque encore plus moderne de ces dépôts fluviatiles de lavallée de la Tamise où l'on a découvert l'*Hippopotamus major*, et une espèce de singe, le *Macacus Pliocænus*. Nous avons parlé des couches d'eau douce précédentes (p. 247, t. I); on les observe à Grays, dans l'Essex, à 33 kilomètres au-dessous de Londres, ainsi qu'à Ilford, Erith et autres points sur les bords de la Tamise. Elles sont composées de sable, gravier et limon (*loam*), sur 18 à 30 mètres de puissance, et souvent elles forment sur chaque flanc de la vallée une terrasse dont le niveau est beaucoup plus élevé qu'un vaste lambeau de gravier plus moderne, sur lequel je vais revenir. A Grays, on rencontre la *Cyrena consobrina* du Nil, dont il a déjà été question, et qui appartient au Crag de Norwich; elle s'y trouve associée à plusieurs autres espèces qui n'habitent plus aujourd'hui la Grande-Bretagne, et dont quelques-unes même sont inconnues à la surface actuelle du globe; elle est accompagnée aussi d'une très grande quantité d'espèces anglaises de mollusques terrestres et d'eau douce. La *Cyrena*, que j'avais jusqu'à ces derniers temps supposée inconnue à l'Europe (p. 248, t. I), vit encore, au dire de M. Woodward, en Sicile; elle est désignée par quelques naturalistes sous le nom de *C. panormitana*. Avec ces fossiles, et en société de l'hippopotame et du singe dont nous avons parlé, se rencontrent des débris de *Rhinoceros leptorhinus*; l'éléphant, au milieu de tous ces restes, n'est point un mammouth comme on l'avait d'abord supposé, mais, suivant le docteur Falconer, ce serait l'*Elephas antiquus*, et quelquefois l'*E. priscus*.

Une autre question, sujette aussi à controverse, est de savoir quelle fut l'époque véritable de la submersion d'une grande partie du Sud-Est de l'Angleterre au-dessous de l'océan de l'époque glaciaire, submersion durant laquelle les erratiques du Nord qui recouvrent aujourd'hui le Norfolk et le

Suffolk, ainsi que la colline de Highgate, près de Londres, furent transportés vers le Sud par les glaces ; l'événement eut-il lieu avant ou après l'origine des erratiques de Grays, Ilford et autres localités sur les rives de la Tamise ? Un point parfaitement établi, c'est qu'après l'accumulation de ces lits fluviatiles, une vaste nappe de gravier ocreux s'étendit sur les plus bas niveaux de la même vallée, et enveloppa les débris de quadrupèdes arctiques. Ce gravier ocreux est développé de l'Est à l'Ouest, des hauteurs de Maidenhead, à travers Londres, jusqu'à la mer, sur une longueur de 80 kilomètres, pour une largeur variable de 3 à 14 kilomètres, et une épaisseur de $1^m,50$ à $3^m,60$ (1). En plusieurs endroits il recèle des os et dents du Mammouth de Sibérie (*El. primigenius*), et le Rhinocéros du même pays (*R. tichorhinus*), avec des restes osseux de Renne, Cheval et autres quadrupèdes.

Récemment aussi (1855) furent déterrées trois têtes fossiles, que le professeur Owen rapporte au Buffle musqué (*Bubalus moschatus*), habitant bien connu des régions arctiques ; l'une de ces têtes a été trouvée à Maidenhead, dans la vallée de la Tamise, et les deux autres, dans le gravier du même âge près de Batheaston, vallée de l'Avon.

On avait déjà rencontré le Buffle musqué, il y a environ vingt ans, dans un faubourg de Berlin, sur la colline appelée le Kreusberg ; il était enfoui au sein d'un dépôt de Transport du Nord, avec l'Éléphant et le Rhinocéros de Sibérie, et des espèces de cheval, daim et bœuf (2).

Parmi les mammifères fossiles d'une autre localité, mais dans le même genre de formation du nord de l'Allemagne, le docteur Hensel, de Berlin, a recueilli, près de Quedlinburg, le Lemming de Norwége, *Myodes lemmus*, et une autre

(1) Prestwich, *Geol. Quart. Journ.*, vol. XII, p. 131.

(2) On me fit voir, au musée de Berlin, en 1856, une portion de crâne du *Bubalus moschatus*, qui fut précisément ainsi nommée dans le catalogue du musée pour 1837 (année postérieure à sa découverte) par M. le professeur Quenstedt, qui en était, à cette époque, le curateur. Les fossiles du Kreusberg sont énumérés dans le *Journal de Leonhard et Bronn*, 1836, p. 215.

espèce de la même famille, dénommée par Pallas *Myodes torquatus* (par Hensel *Misothermus torquatus*); c'est un quadrupède encore plus septentrional, et que Parry a signalé vers la latitude de 82° ; il ne s'avance jamais au Sud plus loin que la lisière Nord de la région boisée. Le professeur Beyrich nous apprend enfin qu'on a découvert, au même endroit, des débris de *Rhinoceros tichorhinus* (1). Le *diluvium*, comme plusieurs géologues l'appellent, n'a jamais fourni dans le nord de l'Allemagne aucun exemple d'Hippopotame, ou de tout autre genre indiquant un climat trop chaud pour le Renne, le Bœuf Musqué ou le Lemming ; il devient donc de plus en plus probable que l'association qui a été annoncée du Mammouth (*E. primigenius*) de la vallée de la Tamise, à l'Hippopotame et au Singe (*Macacus Pliocænus*), et le mélange semblable d'os et de dents des *Rhinoceros tichorhinus* et *leptorhinus* dans les falaises de Norfolk, sont dus à la confusion que l'on aurait faite de fossiles de différents dépôts et âges, ou bien à un mélange de débris de plus d'une période, produit par des causes naturelles.

M. le professeur Owen fait la remarque que le buffle musqué étant appelé, par sa constitution, à vivre dans les régions les plus reculées du nord de l'Amérique, il est bien permis de douter que ses compagnons d'autrefois, le Mammouth, si chaudement vêtu, et le Rhinocéros bicorne (*R. tichorhinus*), couvert de laine, furent, au contraire, destinés à un climat chaud (2).

Maintenant, à quelle division précise de la période Pliocène doit-on rapporter les animaux des cavernes en Angleterre ? C'est là encore un sujet de discussion. Jusqu'à présent aucun fait que je sache n'autorise à supposer qu'il y en ait de plus anciens que le Crag de Norwich ; grand nombre de cavernes sont restées ouvertes aux époques glaciaire et post-glaciaire, pendant que la faune changeait graduellement; aussi les

(1) *Zeitschrift der Deutsch. Geol. Gesellschaft*, vol. VII (1855), p. 548, etc.
(2) *Geol. Quart. Journ.*, vol. XII, p. 124.

débris qu'elles contiennent ne se rapportent-ils pas toujours à des quadrupèdes strictement contemporains.

J'ai signalé (p. 280, t. I) des restes d'éléphant dans les faubourgs de Rome, et j'ai rapporté ces restes à l'*E. primigenius* ; mais, d'après le docteur Falconer, on ne posséderait encore aucune preuve certaine de l'existence de cette espèce au sud des Alpes. Les échantillons de Monte Mario et d'autres localités des environs de Rome appartiendraient, suivant l'opinion de cet auteur, à l'*E. antiquus*, Falc., et à l'*E. meridionalis*, Nesti; ceux-ci, en Piémont et en Lombardie, se rapporteraient à la même espèce, ainsi que l'*Elephas priscus*.

OU TRACER LA VÉRITABLE LIGNE DE DÉMARCATION ENTRE LES COUCHES TERTIAIRES MIOCÈNES ET ÉOCÈNES? (T. I, p. 186, 280 et 294.)

Classification des couches Miocènes et Éocènes.— Ligne de démarcation à établir entre l'Éocène Supérieur et le Miocène Inférieur. -- Motifs qui ont fait proposer un changement de nomenclature. — Coquilles et quadrupèdes fossiles des collines Sewâlik ou sub-Hymalayennes.

J'ai dit dans le chapitre XV (p. 294, t. I) que plusieurs géologues éminents considéraient les Sables Marins de la Forêt de Fontainebleau, et leurs équivalents d'âge en Belgique, en Allemagne et ailleurs, comme la base de la division Miocène de la grande série Tertiaire. Conformément à cette opinion, j'ai introduit dans le tableau (p. 170, t. I) le nom de *Miocène Inférieur*, synonyme très usité sur le Continent pour désigner les couches de cet âge que j'appelle *Eocène Supérieur*. Il serait oiseux de développer à nouveau les motifs déjà exposés d'une manière si détaillée dans le corps de l'ouvrage, qui nous ont déterminés, feu professeur Forbes et moi, à adopter cette classification avec sa nomenclature : nous l'avons préférée à celle qui place dans la même division, d'une part les Faluns de Touraine (que j'avais d'abord choisis comme le type du Miocène), et d'une autre part une faune aussi distincte que celle des Sables de Fontainebleau ; cette dernière faune ne contient pas d'espèces de coquilles communes aux *Faluns*, et elle offre de très grands rapprochements, quant à ses fossiles, avec celle de l'Eocène type. J'ai toutefois fait une réserve (pages 298 à 300, t. I) en disant que je ne résistais point d'une manière absolue à la nécessité possible de comprendre un jour les dépôts ci-dessus mentionnés en une seule et même période Miocène, dans le cas surtout où l'on découvrirait des preuves quelque peu évidentes de liens existants entre les Sables de Fontainebleau, ou Lits du Limbourg, et les Faluns de Touraine.

Ces deux dernières années ont certainement été signalées par quelques progrès tendant à combler l'immense hiatus qui d'abord séparait le *Miocène Inférieur* (ainsi nommé) des *Faluns* ; d'un autre côté, le système Eocène devient tellement complexe et compliqué dans ses détails, par l'intercalation incessante de nouvelles formations, et par l'addition, au-dessous de sa première base, des Sables de Thanet et du Landénien Inférieur de Belgique, que le besoin de limiter son étendue vers sa limite supérieure est de plus en plus urgent. D'autre part, dans les Sables de Thanet, la faune testacée est presque aussi différente de l'Argile de Barton que les coquilles des Sables de Fontainebleau le sont des fossiles des Faluns ; de telle sorte que si nous comprenons les lits de Thanet et de Barton dans une seule période Eocène, nous pourrons, presque avec autant de droit, classer les faunes de Fontainebleau et des Faluns dans un seul et même grand système Miocène.

M. le professeur Beyrich a signalé dans un mémoire récemment publié sur les couches tertiaires du Nord de l'Allemagne (1) l'existence d'une longue série de couches marines conduisant presque graduellement des équivalents du Limbourg Inférieur, ou Tongrien de Dumont, à d'autres rapprochés pour l'âge des Faluns de la Loire. Ce savant a donc cru

(1) *Abhandlungen der Königl. Acad. der Wissen. zu Berlin*, 1855.

devoir introduire un terme nouveau, celui d'*Oligocène*, pour désigner l'ensemble des couches intermédiaires entre l'Eocène et le Miocène ; il distribue ces couches en sept sous-divisions, chacune caractérisée par un certain nombrede fossiles particuliers ; il rapporte la division la plus supérieure, ou ses *lits de Hernberg*, à l'*Oligocène Supérieur*, les cinq divisions suivantes, entre autres les Limbourg Supérieur et Moyen, à l'*Oligocène Moyen*, et le reste à l'*Oligocène Inférieur*, y compris le Tongrien Inférieur de Dumont, et le Lignite d'Allemagne, étage le plus inférieur de tout le système.

M. Alcide d'Orbigny avait déjà, en 1852, dans sa *Paléontologie*, considéré tous ces lits *Oligocènes* comme la division la plus inférieure des Faluns, les Faluns de la Loire étant pour lui du Falunien Supérieur. Le docteur Sandberger a, dernièrement, par ses écrits sur les fossiles du bassin de Mayence, fait ressortir plusieurs chaînons qui existeraient entre les lits communément appelés Miocène Inférieur, et ceux des formations qui les surmontent, contemporaines des Faluns de Touraine. M. Raulin, aussi, dans un mémoire qui vient de paraître sur les Faluns de la Gironde (1), donne les noms de Miocène Moyen et Miocène Inférieur aux équivalents des lits de Fontainebleau et du Limbourg, c'est-à-dire aux couches *Oligocènes* du professeur Beyrich, considérant les Faluns de Touraine comme *Miocène Supérieur*.

M. Hébert a publié, en 1855, une carte descriptive de la surface de deux mers tertiaires qui auraient succédé l'une à l'autre dans le bassin de Paris, la première, celle du calcaire grossier, et la seconde, celle des Sables de Fontainebleau ; ces deux mers montrent très peu de coïncidence entre elles, circonstance indiquant que de grands changements géographiques seraient survenus durant le laps de temps qui a séparé les deux époques comparées. Dans l'explication de cette carte M. Hébert développe les motifs qui lui ont fait regarder la zone du *Cerithium plicatum*, ou celle des Sables de Fon-

(1) *Actes de l'Académie de Bordeaux*, 1855.

tainebleau, comme la ligne la plus convenable de démarcation entre les Tertiaires Inférieur et Moyen, c'est-à-dire entre l'Eocène et le Miocène (1). M. Lartet, éminent ostéologiste français, dont les écrits sur les mammifères fossiles sont justement appréciés, a bien voulu me donner un précieux conseil relativement à ce sujet controversé : d'après ses observations, bien que les testacés fossiles des Sables de Fontainebleau montrent une prédominance d'affinité vers la Faune Eocène, et un faible rapport avec les Faluns de Touraine, — le *Calcaire de la Beauce* (d'eau douce) qui recouvre immédiatement les Sables de Fontainebleau, plus, d'autres formations d'eau douce en Auvergne et dans le centre de la France, enfin le bassin de Mayence, ne sauraient être compris dans un seul système Eocène sans violation des principes paléontologiques. Le groupement des mammifères fossiles, observe M. Lartet, perd de son naturel par un tel arrangement, et, non-seulement plusieurs genres, mais encore quelques espèces se trouvent sur les deux côtés d'une ligne arbitraire de démarcation ainsi tracée entre l'Eocène et le Miocène. Par exemple, les genres *Dorcatherium*, *Cainotherium*, *Anchitherium*, *Titanomys*, *Rhinoceros incisivus*, et autres deviennent communs à l'Eocène et au Miocène.

Le professeur Forbes, dans son mémoire posthume sur une formation tertiaire d'origine fluvio-marine de l'île de Wight (2), a signalé, à travers ce dépôt, certaines bandes fossilifères parfaitement tranchées, et répandues dans le sens de la surface de manière à tracer des horizons définis ; parmi ceux-ci, le plus constant, en apparence, est la zone du *Cerithium plicatum* bien marquée dans les tertiaires de France, de Belgique et d'Allemagne, et aussi dans l'île de Wight. En prenant note du lien existant entre cette zone et les formations sous-jacentes, l'auteur continue : « Évidemment il n'existe aucune solution de continuité dans cette

(1) *Bull. de la Soc. géol.*, 1855, t. XII, p. 760.
(2) *Mem. Geol. Survey*, Londres, 1856, p. 99.

partie de la série des dépôts tertiaires, et ce serait faire violence aux faits que d'en placer une portion dans l'Eocène, et l'autre dans le Miocène, comme l'ont essayé certains géologues du continent. L'île de Wight fournit le véritable point où l'on pourra établir leurs rapports par des coupes qui ne sauront offrir d'équivoque, et ce point aura une haute importance pour la géologie du continent. »

L'opinion de feu mon regrettable ami, si formellement exprimée dans ce passage en faveur de la classification que j'avais d'abord adoptée, prouve suffisamment à chacun de mes lecteurs que l'ancienne nomenclature s'appuie sur des arguments solides, dont je citerai quelques-uns parmi les principaux : M. Deshayes, dans son chapitre préliminaire du supplément aux *Coquilles fossiles du bassin de Paris* (1), dont la publication a récemment commencé, fait les remarques suivantes : « Tandis que d'un côté la dissemblance est énorme entre les fossiles des Sables de Fontainebleau et ceux des Faluns de la Loire, d'un autre côté la faune des sables précédents s'allie à celle des couches marines inférieures au Gypse de Paris par une prédominance de certains genres de coquilles. » Le savant paléontologiste énumère ces coquilles, et ses observations se trouvent d'accord avec ce que j'ai dit (p. 295, t. I) sur le facies *Eocène* de la faune testacée de ces couches en discussion.

Néanmoins, et malgré le poids de ces arguments ainsi que de plusieurs autres favorables à la classification que j'avais d'abord proposée (Tableau, p. 170, t. I), je crois devoir adopter aujourd'hui la ligne de démarcation généralement admise par les Français, — sous une réserve toutefois, c'est que je ne cesserai pas de considérer cette ligne comme arbitraire, purement conventionnelle, et nullement fondée sur un changement considérable dans les espèces, encore moins sur une révolution qui serait survenue dans la géographie physique du globe à l'époque dont il est question. La nouvelle classifi-

(1) *Description des animaux sans vertèbres*, etc. Paris, 1857, p. 17.

cation a pris naissance en France, et, pour la première fois, elle fut suggérée par une interruption accidentelle qui se remarque dans la succession régulière des couches marines sur l'emplacement même de Paris, c'est-à-dire par l'intercalation, au sein de ces couches, de certaines marnes gypseuses d'eau douce au milieu desquelles gisent des Paléothériums et autres quadrupèdes. La constatation de ces marnes fit séparer les Sables Marins de Beauchamp, souvent appelés *Sables Moyens*, des Sables Marins de Fontainebleau. Dans les pays où l'on ne rencontre pas cette interruption, la série, qu'elle soit composée d'assises d'eau douce, ou fluvio-marines, ou marines, fournit des *lits de passage* entre l'Eocène et le Miocène, comme ceux de Hempstead dans l'île de Wight, ou ceux récemment découverts dans les Alpes par MM. Hébert et Renevier, et décrits par ces deux auteurs dans le *Bulletin de la Société Statistique du département de la Seine* (1854). Leur mémoire intéressant a pour objet la description d'une formation qu'ils appellent le *Nummulitique Supérieur*, laquelle se rencontre aux environs de Gap et aussi dans les Diablerets en Savoie ; au sein de cette formation le *Cerithium plicatum* et autres coquilles qui accompagnent d'habitude cette espèce dans les Sables de Fontainebleau et en Belgique, sont abondamment mêlés avec des espèces fréquentes des Grès de Beauchamp, et même de la portion inférieure du Calcaire Grossier. Ici, par conséquent, au milieu de ces couches élevées à de si hauts niveaux, et si fortement contournées des Alpes, nous avons un exemple de lits marins formant passage à travers la série dont il s'agit, et remarquable sous plusieurs rapports, surtout sous celui de la profusion des nummulites qu'on y trouve, associées à des coquilles caractéristiques des Sables de Fontainebleau. Cette dernière circonstance, c'est-à-dire l'association des fossiles, réduit à néant l'un des caractères que l'on avait d'abord considérés comme distinctifs des assises supérieures et inférieures à la série gypseuse ; en effet, on n'a jamais signalé de nummulites en Belgique, dans les Flandres françaises, en Angleterre ni en

Allemagne, au-dessus de la zone du *Cerithium plicatum*, ou, tout au moins, ne les a-t-on rencontrées qu'en nombre extrêmement limité, et dans des cas exceptionnels. Plusieurs géologues, aussi, ont pensé que l'exhaussement ou mouvement de dislocation principal des Alpes serait survenu précisément entre les Tertiaires Inférieur et Moyen, c'est-à-dire entre les époques Eocène et Miocène, comme on l'admet du reste généralement en France, tandis que l'extrême abondance de coquilles caractéristiques du *Tertiaire Moyen* dans les Diablerets prouverait que les mouvements les plus énergiques dans les Alpes ont eu lieu à une époque postérieure à l'apparition du *Cerithium plicatum* et de plusieurs espèces qui lui furent contemporaines au sein des mers Tertiaires.

Je ne possède pas encore les éléments suffisants pour séparer les couches Miocènes d'Europe en Supérieures, Moyennes et Inférieures, bien que j'entrevoie dans un avenir peu éloigné le moment où cette sous-division deviendra nécessaire et possible. En attendant, je proposerai la modification suivante au Tableau de la page 170, t. I ; cette modification consistera simplement dans la substitution du mot *Miocène Inférieur* à celui de *Eocène Supérieur*, et dans la sous-division de l'Eocène Moyen du même Tableau en deux parties.

Changement proposé au tableau des couches fossilifères de la page 170, t. I.

Périodes et Groupes.	Exemples en Angleterre.	Équivalents étrangers et Synonymes.
POST-TERTIAIRE.		TERRAINS CONTEMPORAINS.
1. POST-PLIOCÈNE.	1. *Récents.* — Tourbe des Iles Britanniques, avec restes humains (*Princ.*, ch. XLV). Plaines d'alluvion de la Tamise, de la Mersey, du Rother, avec débris de vaisseaux (*Manuel*, etc., t. I, p. 194; et *Princ.*, ch. XLVIII). 2. *Post-pliocène.* — Dépôts avec coquilles fossiles d'espèces vivantes, dépourvus, jusqu'à présent, de vestiges humains. Marne coquillière d'Écosse et des lacs d'Irlande.	1. Couches marines, y compris le Temple de Serapis, à Pouzzoles (*Princ.*, ch. XXIX). 1. Couches d'eau douce, y compris le temple de Cachemire (*Ibid.*, 9e édition, p. 762). 2. Tuff volcanique d'Ischia et de Naples, avec espèces vivantes de coquilles marines, et, jusqu'à présent, sans débris humains (*Manuel*, etc., t. I, p. 189). 2. Partie plus récente de la Formation de Transport de Suède, avec coquilles d'eau saumâtre d'espèces vivant aujourd'hui dans la Baltique (*Manuel*, etc., t. I, p. 209).

Périodes et Groupes.	Exemples en Angleterre.	Équivalents étrangers et Synonymes.
TERTIAIRE PLIOCÈNE.		TERRAINS TERTIAIRES.
2. **PLIOCÈNE NOUVEAU ou PLEISTOCÈNE.**	1. *Glaciaire.* — Drift, ou Formation de Transport, avec débris d'*Elephas primigenius*, et coquilles presque toutes d'espèces vivantes. Gravier ocreux de la vallée de la Tamise (*Manuel*, etc., t. I, p. 248 ; et *suppl.*, p. 7). Dépôts glaciaires de la Clyde (*Man.*, t. I, p. 241) ; de la Galles du Nord (*Ibid.*, p. 249). 2. Dépôts *pré-glaciaires* de Grays, Thurrock et Ilford (vallée de la Tamise), avec *Elephas antiquus*, Falc., et coquilles presque toutes d'espèces récentes (*Man.*, t. I, p. 248 ; *suppl.*, p. 7). 3. Crag de Norwich, avec coquilles marines (85 pour 100 d'espèces récentes) (*Man.*, t. I, p. 250, et *supp.*, p. 5). Dépôts des cavernes en Angleterre, principalement du Nouveau Pliocène (*Man.*, t. I, p. 258).	Terrain Quaternaire, Diluvium. Terrains Tertiaires Supérieurs (*Man.*, t. I, p. 222). 1. Transport Glaciaire du Nord de l'Europe (*Man.*, t. I, p. 208) ; des États-Unis (*Ibid.*, p. 225) ; erratiques des Alpes (*Ibid.*, p. 236). 3. Calcaire de Girgenti (*Man.*, t. I, p. 256). Brèches osseuses des cavernes d'Australie (*Ibid.*, p. 260).
3. **PLIOCÈNE ANCIEN.**	1. Crag Rouge de Suffolk (*Man.*, t. I, p. 270, 274 ; et *supp.*, p. 1 à 7). 2. Crag Corallin de Suffolk (*Ibid.*, t. I, p. 270, 274 ; et *supp.*, p. 1 à 7).	Couches Sub-Apennines (*Man.*, t. I, p. 278). Collines de Rome, Monte-Mario, etc. (*Ibid.*, p. 280, et t. II, p. 331). Anvers, et Crag de Normandie (*Ibid.*, t. I, p. 278). Dépôts Aralo-Caspiens (*Ibid.*, p. 280).
MIOCÈNE.		TERRAINS TERTIAIRES MOYENS.
4. **MIOCÈNE SUPÉRIEUR.**	Manque dans les Iles Britanniques.	Faluns de Touraine, t. I, p. 281. Couches de Bolderberg, en Belgique, t. I, p. 285. Sansan (département du Gers), midi de la France. Bassin de Vienne, t. I, p. 286.
5. **MIOCÈNE INFÉRIEUR.**	Couches de Hempstead, Ile de Wight, t. I, p. 307.	Grès de Fontainebleau, t. I, p. 310. Calcaire de la Beauce, t. I, p. 310. Bassin de Mayence, t. I, p. 304. Lits du Limbourg, en Belgique, t. I, p. 301. Couches *Oligocènes* du nord de l'Allemagne. Couches de Nebraska, aux États-Unis, t. I, p. 327.
ÉOCÈNE.		TERRAINS TERTIAIRES INFÉRIEURS.
6. **ÉOCÈNE SUPÉRIEUR.**	1. Lits de Bembridge, Ile de Wight, t. I, p. 330. 2. Série d'Osborne, t. I, p. 333. 3. Série de Headon, *Ibid.* 4. Argile de Barton, t. I, p. 336.	1. Série Gypseuse de Montmartre, t. I, p. 351. 2 et 3. Calcaire Siliceux, ou Travertin Inférieur, t. I, p. 354. 4. Grès de Beauchamp, ou Sables Moyens, t. I, p. 355. 4. Couches de Laeken, en Belgique.

Périodes et Groupes.	Exemples en Angleterre.	Équivalents étrangers et Synonymes.
7. ÉOCÈNE MOYEN.	1. Lits de Bagshot et de Bracklesham, t. I, p. 338. 2. Manque en Angleterre !	1. Calcaire Grossier du Bassin de Paris, t. I, p. 355. 2. Sables du Soissonnais, Supérieurs, de Cuisse-la-Motte, t. I, p. 358. 1. 2. Formation Nummulitique d'Europe, d'Asie, etc., t. I, p. 359.
8. ÉOCÈNE INFÉRIEUR, comme dans le Tableau, t. I, p. 169.		

FAUNE MIOCÈNE DES COLLINES SEWALIK, p. 292, t. I.

Le genre *Dinotherium*, si caractéristique de la période Falunienne ou Miocène Supérieure d'Europe, se rencontre dans l'Inde au sein de couches du même âge. Mais, jusqu'à présent, on ne l'a signalé que dans l'île Périm, Golfe de Cambay, et jamais parmi les fossiles des Collines Sewâlik ou Sub-Hymalayennes, comme je l'avais à tort avancé (p. 292, t. I). J'ai mentionné aussi au même endroit sept espèces d'éléphants fossiles des Sewâlik ; en réalité, leur nombre n'est que de cinq, dont trois se rapportent, d'après le docteur Falconer, au sous-genre *Stegodon*, intermédiaire entre le Mastodonte et l'Éléphant. L'Hippopotame que j'ai cité (même page, 292) appartient au sous-genre *Hexaprotodon*, forme aujourd'hui éteinte. L'*Anoplotherium posterogenium* que l'on supposa, au moment de sa découverte, présenter un lien générique entre la faune Sewâlik et celle de la période Eocène, est actuellement considéré comme une espèce de *Chalichoterium* (*Anisodon* de Lartet), genre de pachyderme formant passage du *Rhinoceros* à l'*Anoplotherium*. Ce même genre se rencontre dans les couches Miocènes ou Faluniennes de Sansan, département du Gers, midi de la France. Parmi les fossiles Sub-Hymalayens, on peut citer une Girafe, un Chameau, une grande Autruche comme preuve de l'existence primitive de plaines étendues sur une région aujourd'hui couverte de collines escarpées et sillonnées de profonds ravins sur plusieurs centaines de kilomètres Est et Ouest.

Sir P. Cautley et le docteur Falconer ont extrait des mêmes couches quinze espèces de coquilles d'eau douce se rapportant aux genres *Paludina*, *Melania*, *Ampullaria* et *Unio ;* feu le professeur E. Forbes, à l'inspection de ces coquilles, déclara, en 1846, que toutes étaient d'espèces éteintes ou inconnues, à l'exception de quatre habitant encore les rivières de l'Inde. Une telle proportion entre des espèces vivantes et des espèces éteintes de mollusques s'accorde bien avec le caractère habituel d'une faune Miocène Supérieure ou Falunienne que l'on observeerait en Touraine, ou dans le bassin de Vienne et ailleurs.

SINGE DE GRANDE TAILLE, MIOCÈNE, DU MIDI DE LA FRANCE.

Il y a plus de vingt ans, un singe fossile du nom de *Pliopithecus antiquus*, voisin de l'Orang, fut recueilli dans un dépôt d'eau douce du terrain Miocène supérieur à Sansan, midi de la France, et signalé par M. Lartet. Ce géologue éminent a de plus, récemment (1856) fait connaître la découverte, au sein du même gisement, d'une nouvelle espèce fossile de la famille des Orangs, de taille supérieure à celle du Chimpanzé vivant (1). Les seules parties du squelette trouvées jusqu'à ce jour sont les deux branches d'une mâchoire inférieure, et un humérus ; mais ces débris suffisent pour indiquer par leur structure anatomique aussi bien que par leurs dimensions une espèce se rapprochant de l'Homme plus qu'aucune autre parmi les Quadrumanes vivants ou fossiles jusqu'à présent connus des zoologistes. L'angle formé par la branche montante de la mâchoire et le bord alvéolaire est moins ouvert que dans le Chimpanzé, et, circonstance fort remarquable, chez le fossile, individu jeune mais adulte, toutes les dents de lait sont remplacées par celles de second âge, tandis que les dernières vraies molaires ne sont pas développées, ou ne se montrent qu'à l'état de germe dans le

(1) *Comptes rendus*, etc., 28 juillet 1856.

maxillaire. Par conséquent, d'après l'ordre de succession des dents, et d'après leur nombre qui compte exactement comme chez l'Homme, le quadrumane différait du Chimpanzé, et correspondait à l'espèce humaine. Mais cette dernière particularité dans la dentition, considérée comme point de ressemblance avec l'Homme, et isolément des autres caractères, perd beaucoup de son importance par le fait que chez le Gibbon, aussi, les dents sont soumises à une loi semblable de renouvellement ; et de fait, suivant l'opinion de MM. Vrolich et Lartet, le Gibbon, par son squelette en général, se rapprocherait du type humain bien plus que tout autre singe. Le *Dryopithecus* paraît avoir été frugivore ; il grimpait aux arbres, de là son nom. Les troncs de chêne sont communs dans le lignite de Saint-Gaudens, au pied des Pyrénées, et c'est dans ce gisement qu'il a été découvert. La même formation a fourni d'autres mammifères fossiles spécifiquement identiques à ceux de Sansan et des Faluns de Touraine, de telle sorte qu'on peut la rapporter sans hésitation à la période Miocène Supérieure. C'est au même âge qu'il faut attribuer un singe fossile trouvé en 1854 à Pikermi près d'Athènes, et nommé par Wagner *Mezopithecus Pentelicus*, mais assimilé par M. Lartet au genre vivant *Semnopithecus*.

Ces faits nous font voir combien il nous reste encore à apprendre sur l'histoire ancienne des Quadrumanes, surtout si nous songeons que, sous le rapport géologique, nous connaissons fort peu, comparativement, les contrées tropicales, où cependant il faudrait s'attendre à rencontrer en plus grand nombre que partout ailleurs des vestiges de genres anthropomorphes éteints. Si des couches aussi anciennes que le Miocène ont pu nous révéler des formes jusqu'à un certain point intermédiaires entre le Chimpanzé et l'Homme, ne sommes-nous pas en droit de présumer qu'un jour d'autres couches d'une date plus ancienne ou plus moderne fourniront également de nouveaux anneaux ostéologiques entre l'Homme et le *Dryopithecus*.

DÉNUDATION DU WEALD. (Chap. XIX, p. 421, 441, t. I.)

Dénudation du Weald. — Découverte de Crag Inférieur au sommet des Downs du Nord, entre Folkestone et Dorking.

Les arguments que nous avons réunis dans le chapitre XIX, pages 421 à 441, t. I, pour prouver que la dénudation de la surface du Weald avait eu lieu à plusieurs époques, et à des dates très éloignées entre elles, quelques-unes antérieures au dépôt des couches Eocènes Inférieures d'Angleterre, et d'autres remontant jusqu'à l'ère Pliocène, ces arguments ont reçu une éclatante confirmation par une découverte récente. M. Prestwich a signalé à la Société Géologique de Londres (janvier 21, 1857) l'existence de sables marins de la période du Crag au sommet des Downs du Nord, sur différents points entre Folkestone et Dorking. Ces sables contiennent des bandes de grès chargé de fer et de sable quartzeux, avec cailloux roulés de silex, et, parfois, une terre verte, — le tout ressemblant précisément, par le caractère minéral, aux sables de Diest, en Belgique, lesquels ont été pendant longtemps regardés comme correspondant par l'âge avec le Crag ancien de Suffolk.

La *Terebratula grandis*, qui abonde dans le Crag anglais et parmi les sables de Diest, des moules aussi d'*Astarte*, *Pyrula*, *Emarginula* et d'autres fossiles, concourent, avec le caractère minéral, à prouver la contemporanéité d'origine de ces assises Anglaises et Belges.

Depuis que ces faits ont été portés à la connaissance du public, j'ai visité les principales localités dans le Kent, en société de M. Prestwich, et j'ai vu les sables ferrugineux, de 6 mètres d'épaisseur, reposant sur la craie près du bord de l'escarpement, à 2 kilomètres environ Nord-Est de Folkestone, et de nouveau à Paddlesworth, au sommet de Downs, 6 kilomètres O.-N.-O. de Folkestone, où les sables mesurent près de 12 mètres de puissance et s'élèvent à une hauteur de plus de 150 mètres au-dessus de la mer. A Lenham, 16 kilomètres

Est de Maidstone, on remarque des débris de lits ferrugineux plus solides remplis de moules de coquilles marines et d'autres fossiles, sous forme de tuyaux (*sandpipes*) verticaux qui pénètrent au travers de la craie blanche. J'ai vu là des restes organiques ressemblant d'une manière frappante à ceux que j'avais déjà observés en 1850 à Kesseloo, près de Louvain, dans les *Sables de Diest*, et qui dans cette localité surmontent les couches du Limbourg ou Miocènes Inférieures (1). Le rapprochement que fournissent entre eux les moules de Belgique et du Kent se rapporte principalement aux genres ; mais quelques-unes des espèces, telles qu'une grosse térébratule et un *Turbinolia*, paraissent elles-mêmes identiques.

Le lecteur se fera une idée de la vraie position des couches du Kent en les supposant placées sur les hauteurs marquées par la ligne fortement accentuée au-dessus de la figure 3, dans la coupe 321 (p. 423, t. I) ; ou bien il imaginera que l'affleurement tertiaire *b*, figure 329 (p. 435, t. I), consiste en Crag Corallin au lieu d'être une masse d'argile et sable Éocène.

La conséquence à déduire de ces faits découle d'elle-même : bien que le premier exhaussement Wealdien se soit opéré, comme nous l'avons vu dans le chapitre XIX, vers les premiers temps de l'Eocène, ou, en partie peut-être, pendant la période crétacée, et que d'un autre côté la dénudation ait été, à cette époque, considérable, la même surface a néanmoins subi une submersion nouvelle durant la période du Vieux Pliocène ; mais déjà avait eu lieu la dévastation elle-même large et profonde des dépôts Eocènes Inférieurs des séries de Thanet, de Wolwich et de l'Argile de Londres, et leur réduction à l'état de simples lambeaux disséminés sur la craie. Cette dernière dénudation, par conséquent, aussi bien que les escarpements actuels, date d'un âge où la mer était déjà peuplée d'espèces de mollusques dont la moitié vivent encore

(1) Lyell, *Quart. Geol. Journ.*, vol. VIII, p. 293.

de nos jours. Le grand exhaussement du sol de la surface wealdienne ayant donc été postérieur au Crag Inférieur, cette circonstance, comme l'observe M. Prestwich, doit nous aider à expliquer les différences observées dans la faune et le climat des périodes successives très multiples du Crag (voyez ci-dessus, *Suppl.*, p. 1 à 4) ; nous pouvons aussi dès aujourd'hui admettre, avec plus de confiance, que la mer du Crag Corallin était ouverte au Sud, et nourrissait des coquilles de formes méridionales, jusqu'à ce que le lit de cette mer venant à s'élever de 150 à 180 mètres, toute communication avec des latitudes plus chaudes fut interrompue, et la faune du Crag Rouge acquit son caractère plus septentrional.

Ces découvertes récentes nous apprennent aussi combien il est souvent difficile, pour ne pas dire impossible, de démontrer la présence primitive de la mer sur toute surface donnée, au moyen des débris organiques, ou d'anciens rivages. De longues et minutieuses recherches ont été poursuivies avant 1856 pour reconnaître des coquilles marines d'espèces récentes ou du Crag, et découvrir des lignes de séjour d'eaux salées, à la surface du Weald ; en d'autres termes, des études approfondies ont été faites des nos 3, 4, 5, 6 et 7 de la carte (p. 421, t. I), puis de la Craie, et enfin du terrain Tertiaire entre le Weald et la Tamise (nos 1 et 2, *ib.*) ; mais, recherches et études ont été vaines jusqu'au moment où quelques moules de coquilles ont prouvé tout à coup, d'une manière incontestable, que la mer du Vieux Pliocène y avait jadis, là, étendu son domaine. Nous devons donc aujourd'hui admettre que la retraite des eaux de cette mer eut lieu à une époque comparativement moderne, et qu'à plusieurs reprises le sol baissa, puis émergea de nouveau, sans conserver à sa surface aucun monument de la nature de ceux que l'on invoque habituellement pour établir une dénudation marine ayant apporté des changements considérables dans la géographie physique du globe.

NOUVEAUX MAMMIFÈRES FOSSILES DU PURBECK OU COUCHES OOLITIQUES SUPÉRIEURES, DANS LE COMTÉ DE DORSET.

Découverte, dans le Dorsetshire, de sept ou huit nouveaux genres de mammifères, au sein des couches du Purbeck ou Oolite supérieure. — Premier exemple de crâne d'un mammifère au sein de roches secondaires. — Marsupiaux et Placentaires insectivores, et Marsupiaux herbivores. — Figures et descriptions. — Nouveau jour jeté sur le *Microlestes*, ou mammifère triasique le plus ancien. — Portée générale des nouveaux faits.

Comme nous l'avons vu (p. 213, t. II), au moment où parut la cinquième édition de cet ouvrage on ne connaissait encore que six espèces bien constatées de mammifères au sein des roches plus anciennes que le terrain Tertiaire. Il a fallu trente-six années de recherches pour réunir ces six espèces : en 1818, la première fois, une mâchoire inférieure, qui avait été trouvée dix ans auparavant dans l'Oolite de Stonesfield, fut rapportée par Cuvier à un mammifère; en 1854 Owen décrivit le *Spalacotherium* du Purbeck.

Nous avons donné (p. 37, t. II) les figures de deux petites dents molaires du plus ancien de ces six quadrupèdes, du *Microlestes* de Plieninger, provenant d'un lit à ossements des environs de Stuttgart généralement considéré comme Trias Supérieur, et au sein duquel abondent des espèces Triasiques de poissons et de reptiles. Dans la même page sont aussi figurées des mâchoires inférieures fossiles munies de leurs dents, se rapportant à trois petits mammifères recueillis dans l'oolite inférieure de Stonesfield (p. 478, t. I), et supposés appartenir à des insectivores, l'un d'eux, au moins, à un quadrupède de la division des Marsupiaux. Enfin, j'ai signalé dans une note (p. 215, t. II) la découverte faite par Rév. J.-B.-P. Dennis, et connue en septembre 1854, de débris d'un quatrième mammifère anglais, constituant également une mâchoire inférieure, et extraits de la même localité.

Bien que petite, cette mâchoire ne fit pas moins connaître des dimensions beaucoup plus grandes qu'aucune des trois espèces jusqu'alors connues ; elle indiquait la grosseur probable d'un lapin. Le professeur Owen pense que l'animal auquel elle se rapporte était omnivore, et représentait l'un de ces quadrupèdes ongulés ou à sabot qui se lient à certains genres éteints de la période tertiaire, appelés *Hyracotherium*, *Microtherium* et *Hyopotamus*.

Il est fait mention (p. 456, t. I, et p. 213, t. II) de la découverte du premier exemple d'un mammifère, au sein de couches d'eau douce, dans le Purbeck du Dorsetshire ; cette découverte date de 1854 ; l'animal est un *Spalacotherium*, insectivore de petite taille, voisin de la Taupe du Cap. A une date plus récente, en décembre dernier (1856), M. Samuel H. Beckles, membre de la Société Géologique de Londres, me fit part de l'intention où il était de pratiquer des fouilles au sein du Purbeck Moyen de Durlestone-Bay, près de Swanage, et d'explorer spécialement le lit qui avait fourni à M. Brodie le *Spalacotherium*. La puissance moyenne de ce lit, désigné sous le n° 93, ou *dirt bed* (lit de boue) est de $0^m,12$ environ (1). Il gît à la base du Purbeck Moyen, et consiste en marne friable ou limon calcaire contenant des débris de quelques insectes et des coquilles d'eau douce de plusieurs genres (*Paludina*, *Planorbis* et *Cyclas*), ainsi que divers reptiles. Comme résultat de son second jour de fouilles (11 décembre), M. Beck m'adressa une mâchoire inférieure de mammifère d'un nouveau genre ; ce résultat fut bientôt suivi de plusieurs autres, et, dans l'espace de trois semaines on obtint d'une surface ne dépassant pas 12 mètres de long sur 3 mètres de large les débris de cinq ou six espèces nouvelles

(1) Ce lit, ou *dirt-bed* (ainsi nommé en Angleterre) est désigné sous le n° 93, soit dans le *Guide to the Geology of the Isle of Purbeck*, par Rév. G.-H. Austen (1852), soit dans le *Mémoire sur les couches du Purbeck* (*Trans. Camb. Phil. Soc.*, vol. IX, 1855). Il ne présente point les caractères d'un sol végétal ancien, comme son nom porterait à le croire.

appartenant à trois ou quatre genres distincts de grosseur variable, depuis celle d'une taupe à celle d'un hérisson ; on déterra de plus le squelette entier d'un crocodile, le tèt ou carapace d'une tortue d'eau douce, et quelques reptiles plus petits. Pendant que ces recherches étaient en voie de progrès, M. W. R. Brodie, de Swanage, eut la bonté de m'envoyer d'autres fossiles qu'il avait extraits depuis deux ans (1855 et 1856) du même lit, sur une surface contiguë et non moins limitée. Outre des débris de reptiles, je distinguai parmi ces objets trois mâchoires inférieures de trois espèces de mammifères, et le docteur Falconer me fit remarquer dans un bloc la portion supérieure d'une tête, soit deux os pariétaux, en bon état de conservation, avec la crête sagittale bien accentuée, et les rapports aux frontaux et à la crête occipitale distincts ; quoique les portions de la base et des côtés manquent dans la pièce, ce qui en reste suffit pour montrer des liens avec le type ordinaire des quadrupèdes vivants à sang chaud, et impliquer la probabilité d'une organisation plus élevée que celle des genres de Stonesfield, *Phascolotherium* et *Amphitherium*. Cependant le spécimen ne fournit pas de caractères assez concluants pour que l'on puisse savoir si l'animal appartenait aux Placentaires, ou bien aux Marsupiaux. L'un des résultats les plus importants de la découverte, c'est qu'elle nous fournit le premier exemple bien constaté d'un crâne de mammifère au sein de roches inférieures au Tertiaire ; jusqu'à présent, en effet, on ne connaissait de tout le squelette de cette classe, à l'état fossile, que le maxillaire inférieur. Cette découverte prête ainsi à l'ostéologiste un genre de preuves beaucoup plus concluantes qu'aucune de celles qui avaient été auparavant invoquées pour établir l'exacte correspondance de structure des mammifères d'une époque très reculée avec les types plus récents de vertébrés vivants.

Le même bloc a fourni, avec le crâne, un côté entier de la mâchoire inférieure d'un quadrupède auquel le professeur Owen propose le nom générique de *Triconodon*. Cette portion de mâchoire porte huit molaires, une forte canine très proéminente, et une incisive large et épaisse. L'animal avait presque la taille du hérisson commun (1).

Plusieurs autres mâchoires munies de dents pareillement tricuspides, mais à plus grandes dimensions, recueillies par M. Beckles, constatent l'existence d'une autre espèce de *Triconodon*, d'une forme plus allongée, et d'environ un tiers plus grande. Sur l'une de ces mâchoires, le docteur Falconer m'a fait remarquer les caractères suivants qui, pour lui, indiqueraient des Marsupiaux : 1° pluralité des vraies molaires ; 2° processus angulaire infléchi, très fort ; 3° (caractère pour lui le plus significatif de tous) largeur et saillie du bord renversé de la crête, qui est décurrente sur le côté extérieur, le long du bord inférieur, à partir du condyle, exactement comme cela s'observe chez les Marsupiaux carnivores ; 4° développement marqué du sillon mylo-hyoïde. Le docteur Falconer ajoute que ces deux espèces de *Triconodon*, si l'on en juge d'après la forme tranchante des dents, d'après aussi le développement des canines relativement considérable, enfin d'après les particularités de la branche montante, étaient plutôt de petits carnassiers que de simples marsupiaux insectivores. Il est probable qu'ils se nourrissaient de proies moins exiguës que des insectes.

Parmi les mâchoires de plusieurs petits insectivores, on en remarque une qui se rapproche du type de Stonesfield, *Amphitherium*, mais qui s'en distingue génériquement (2).

(1) Les couronnes comprimées des molaires inférieures, dans ce *Triconodon*, sont munies chacune de trois pointes aiguës presque égales s'élevant verticalement à peu près dans un même plan longitudinal, avec lobules terminaux à la base, mais sans autre complication à l'intérieur. Elles sont disposées en série continue et compacte, de manière à présenter un bord dentelé uniforme, comme les dents d'une scie. — *Docteur Falconer.*

(2) Dans cette espèce, la branche montante de la mâchoire inférieure est plus déliée ; elle montre 7 arrière-molaires uniformes encore en place, puis les alvéoles vides de 4 ou 5 fausses molaires, enfin une dent en forme de lanière (*laniariform*) proéminente. La formule dentaire s'accorde avec celle de l'*Amphitherium*, mais elle en diffère par la disposition bisériale et complexe des pointes de la couronne. — *Docteur Falconer.*

Voici sur le genre *Triconodon* quelques observations faites par le professeur Owen ; je les extrais d'une lettre qu'il m'a écrite le 27 janvier 1857 ; elles sont importantes, surtout par leur antériorité aux preuves plus positives que des échantillons mieux conservés ont fournies, environ un mois plus tard, en faveur du caractère décidément marsupial de ces animaux.

« Le fossile de Purbeck (le plus petit des *Triconodon*) est très voisin des genres d'insectivores de Stonesfield, et montre une organisation intermédiaire entre le *Phascolotherium* et le *Thylacotherium*. Ses dents franchement coniques présentent le même type que les molaires de ces derniers genres ; mais le premier et le troisième cône sont presque égaux au deuxième ou moyen. Le cingulum (*bourrelet basilaire* ou *collet* de la dent), chez le *Triconodon*, développe le même talon en avant et en arrière. Quant à la grosseur de la canine, ainsi qu'à la hauteur et aux autres dimensions de la mâchoire, le *Triconodon* ressemble au *Phascolotherium*, et le rapprochement, sous ce rapport, entre les deux genres est tel, que l'on ne peut considérer l'un comme appartenant aux Marsupiaux sans rapporter l'autre à la même division. Mais je n'ai pas trouvé d'indication claire de la courbure, qui devrait au contraire ici exister, se dirigeant en dedans vers l'angle de la mâchoire, et se développant en arrière.

» Par le nombre plus grand des molaires, le *Triconodon* ressemble au *Thylacotherium*, et aussi au *Mirmecobius* qui, du reste, a des molaires analogues. Les genres que nous venons de citer, et le *Spalacotherium* possèdent des caractères communs suffisants, au moins quant à la mandibule et aux dents mandibulaires, pour que l'on puisse admettre qu'ils appartiennent tous à un même groupe naturel d'insectivores, et très probablement de la famille des marsupiaux. Le caractère du calvarium chez le *Triconodon* ne s'oppose pas au rapprochement ci-dessus (1). »

(1) Owen fait allusion ici à la couronne du crâne que nous avons citée ci-dessus, et qu'a fournie la même plaque. A la page 456, t. I, j'ai cité l'opinion

Outre les mammifères que nous venons de mentionner, et qui se rapportent à 9 ou 10 espèces, sur 5 ou 6 genres, tous

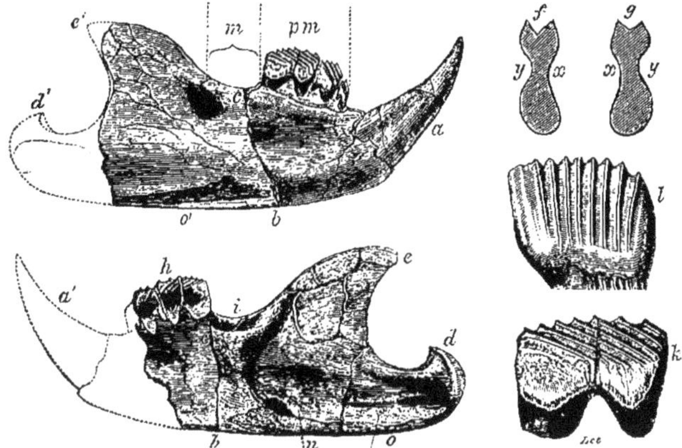

FIG. 1. — *Plagiaulax Becklesii*, Falc.

Les deux figures ci-dessus représentent la branche droite d'une mâchoire inférieure, visible sur chacune de ses faces; dans la plaque qui la contient, les caractères réunis de ces deux faces permettent de restaurer complétement la mâchoire.

Figure supérieure (face externe).

a, *b*, *e'*. Branche droite de la mâchoire inférieure, le double de sa grandeur naturelle. *a*, *b*. Côté externe. *b*, *o'*, *d'*, *e'*. Empreinte du côté interne.

a. Incisive. — *b*, *c*. Signe de fracture verticale derrière les prémolaires. — *d'*. Empreinte du condyle sur la pierre qui constitue la gangue. — *e'*. Empreinte du sommet de l'apophyse coronoïde. — *f*. Coupe de la pièce antérieure de la mâchoire suivant la fracture *b*, *c*. — *x*. Surface interne. *y*. Surface externe. (La partie rentrante vers le haut de la fracture correspond à l'alvéole de l'une des vraies doubles-molaires.) — *g*. Coupe de la portion postérieure près *b*, *c*. *x*. Surface interne. *y*. Surface externe. — *o'*. Interruption du pli infléchi du bord interne engagé dans la gangue. — *m*. Alvéoles de deux molaires. — *p*, *m*. Trois prémolaires, la troisième et dernière, fissurée.

Figure inférieure (face interne).

a', *d*. La même portion de mâchoire inférieure sur la face opposée de la pierre. — *b*, *d*, *e*. Face interne. — *b*, *a'*, *h*. Moule et empreinte de la face externe.

a'. Contour restauré de l'incisive. — *b*, *c*. Ligne de fracture verticale. — *d*. Condyle. — *e*. Apophyse coronoïde. — *h*. Empreinte des trois prémolaires sur la gangue. — *i*. Alvéoles vides de deux prémolaires. — *n*. Orifice du canal dentaire. — *o*. Indication du pli relevé et infléchi du bord postérieur interne. — *k*. La troisième ou la plus grosse prémolaire, 5 fois et 1/2 son diamètre naturel, montrant les 7 sillons en diagonale. — *l*. Prémolaire correspondante chez l'*Hypsiprymnus Gaimardi* vivant de l'Australie, montrant les 7 sillons verticaux, grossie 3 fois et 1/2.

insectivores ou carnassiers, M. Beckles a déterré (le 31 janvier 1857) les débris d'un autre genre extrêmement différent

du savant professeur consignée dans le *Quarterly Journal*, vol. X, p. 431, savoir : que le *Spalacotherium* était *plus étroitement lié aux insectivores placentaires qu'aux insectivores marsupiaux*. Ce jugement, comme on le verra plus loin, doit être aujourd'hui modifié.

de tous les autres, et dont les rapports au Kanguroo-Rat actuel ont été immédiatement reconnus par le docteur Falconer dès son arrivée à Londres (1).

On ne compte pas moins de 10 espèces du genre vivant *Hypsiprymnus*, vulgairement appelé le Kanguroo-Rat, et que M. Waterhouse rapporte aux *Macropodidæ*, ou famille des Kanguroos, lesquels habitent les prairies et les broussailles des *Jungles* d'Australie ; ces animaux vivent de plantes, et surtout de racines, qu'ils découvrent en grattant le sol. Leur dentition présente une particularité frappante, qui les distingue de tous les autres quadrupèdes : l'animal ne possède qu'une grosse prémolaire dont l'émail est creusé de 7 sillons verticaux (voyez *l*, fig. 1 de la prémolaire de l'*Hypsiprymnus Gaimardi* vivant).

La plus grosse prémolaire, dans le genre fossile, montre de même 7 sillons parallèles qui produisent, par leur terminaison, un bord sensiblement dentelé à la couronne ; mais leur direction est diagonale, caractère distinctif qui, selon M. Falconer, doit être considéré comme secondaire (*trivial*) et non comme fondamental (*typical*), c'est-à-dire entraînant une différence de type.

L'obliquité des sillons constituant donc un caractère si tranché du plus grand nombre des dents, le docteur Falconer a proposé, pour les fossiles dont il est ici question, le nom générique de *Plagiaulax*. La forme et les dimensions relatives de l'incisive (*a*, fig. 1 et 2) montrent une similitude non moins frappante avec l'*Hypsiprymnus*. Néanmoins, la courbure de cette incisive vers le haut, qui est plus brusque, surtout dans les plus grandes espèces; d'un autre côté, le nombre et les caractères des autres dents ; enfin, le raccourcissement et la hauteur de la mâchoire, réunis à la projection en arrière

(1) Les détails concernant l'histoire naturelle, l'ostéologie, et les affinités du *Plagiaulax*, que j'expose dans les pages suivantes, sont exclusivement extraits d'un mémoire étendu, par le docteur Falconer, qui sera publié sous peu par la Société Géologique de Londres ; l'auteur en a généreusement mis le manuscrit à ma disposition.

que montre le condyle (*d*, fig. 1), constituent de grandes différences de forme entre le *Plagiaulax* et les Kanguroos-Rats.

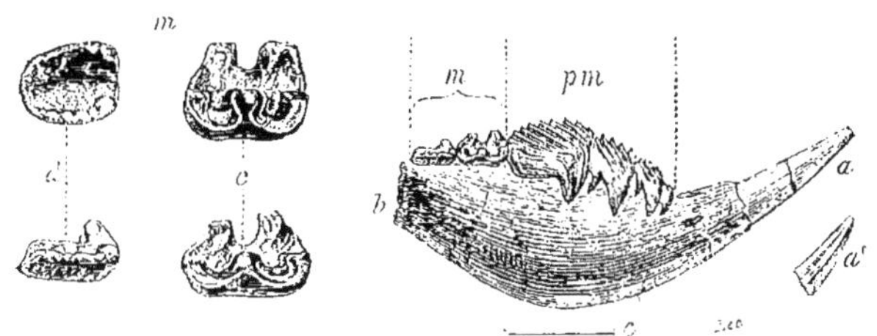

Fig. 2. — *Plagiaulax minor*, Falc., grossi 4 fois.

Les dents sont toutes en place dans cet échantillon, et bien conservées. Il manque seulement la portion postérieure de l'os de la mâchoire, avec la branche montante et l'angle postérieur.

a, *b*. Branche droite de la mâchoire inférieure, avec toutes ses dents, grossie 4 fois. — *a*. Incisive, dont la pointe est brisée. *a'*. Empreinte de l'incisive montrant que le côté interne, près du sommet, était creux longitudinalement. — *b*. Affleurement du coronoïde, le reste manque. — *m*. Les deux vraies molaires. — *p*. *m*. Les quatre prémolaires. — *c*. La première prémolaire, grossie 8 fois (Figure supérieure, sa couronne ; figure inférieure, profil). — *d*. Deuxième molaire, couronne et profil. — *e*. Ligne droite, indiquant la longueur de la mâchoire de grandeur naturelle.

Les seules pièces de ce genre connues jusqu'à présent sont deux échantillons de mâchoire inférieure (1) qui se rapportent évidemment à deux espèces distinctes, de taille très inégale, et différentes, du reste, par d'autres caractères. La plus grande, *P. Becklesii* (fig. 1), avait environ la grosseur d'un écureuil d'Angleterre ou du phalanger volant d'Australie (*Petaurus Australis*, Waterhouse). Le squelette de ce phalanger, étiqueté *P. macrurus*, n° 1849, au Musée du Collége des Chirurgiens, à Londres, mesure $0^m,37$ de longueur, moins la queue, de plus de $0^m,27$. Le fossile plus petit (*P. minor*, fig. 2), d'après les dimensions linéaires qu'il a fournies, n'avait probablement que la moitié de la taille de l'autre. Pour le géologue, toutefois, c'est peut-être le plus intéressant des deux, car le docteur Falconer a trouvé dans

(1) Trois autres échantillons de *P. Becklesii* sont arrivés depuis, l'un avec les deux arrière-molaires entières. Ils confirment en tous points les conclusions qui vont suivre, et spécialement celles concernant l'affinité du *Plagiaulax* au *Microlestes*.

ses deux arrière-molaires (*c*, *d*, fig. 2) une ressemblance incontestable avec le *Microlestes* triasique (*b*, *c*, fig. 3).

J'ai donné sur ce mammifère le plus ancien connu (texte, p. 36, t. II) quelques détails accompagnés d'illustrations, mais sans figure de la couronne de la plus grosse molaire ; je l'ajoute aujourd'hui, avec une nouvelle représentation de la couronne de la plus petite dent. Aucun des naturalistes du continent, sur l'inspection des moules et dessins de ces dents, n'avait pu m'indiquer, d'une manière un peu probable, ses affinités. Plieninger l'avait considéré comme un carnassier, et de là le nom qui lui fut assigné ; d'autres crurent voir quelque rapprochement de forme entre les molaires et celles d'un pachyderme omnivore, et même celles d'un insectivore ; le professeur Owen, tout en confirmant le caractère mammifère de ces dents à double racine, avoua que, pour lui, elles étaient différentes

FIG. 3. — Dent de *Microlestes antiquus*, Plieninger, du Trias Supérieur du Wurtemberg.

b. Couronne grossie de la plus petite molaire (*b*, fig. 441, p. 37, t. II). — *c*. Couronne grossie de la plus grosse dent (fig. 442, *ibid.*), dont une portion emportée.

de tous les types connus. A comparer ces molaires de *Microlestes* (fig. 3) à celles du *Plagiaulax minor* (*d*, *c*, fig. 2), on n'a pas de peine à se ranger à l'opinion du docteur Falconer, savoir que : « Si toutes avaient été détachées de la même plaque, on aurait pu les prendre pour des dents antérieures ou postérieures, ou pour des dents supérieures et inférieures de la même espèce ou d'espèces voisines, les caractères essentiels de la couronne étant identiques (1) ; au contraire,

(1) La dernière arrière-molaire, soit dans le *Microlestes*, soit dans le *Plagiaulax*, présente deux crêtes opposées longitudinales, marginales, plus ou moins lobées ou dentelées, et séparées par un disque déprimé. Dans la molaire plus large de *Plagiaulax*, les lobes ne sont point symétriques sur les deux côtés : il y en a deux vers le bord interne, et un, seulement, vers le bord externe, et tel semble avoir été le cas dans la dent plus grosse, incomplète, de *Microlestes* (*c*, fig. 3).

eût-on trouvé la dernière molaire et la dernière prémolaire de *Plagiaulax* à l'état fossile, dans des circonstances semblables, mais sur des points séparés les uns des autres, suivant toute probabilité, on les aurait prises pour des dents non-seulement de genres différents, mais encore d'ordres distincts de mammifères. »

Deux questions principales, observe M. Falconer, se présentent ici relativement au *Plagiaulax* : d'abord cet animal appartenait-il aux Marsupiaux ? en second lieu, était-il herbivore ? La ressemblance générale des dents et mâchoires avec celles des Kanguroos-Rats vivants milite beaucoup en faveur de l'affirmative sur ces deux points. Il existe, comme nous l'avons dit précédemment, dans les fossiles en question, une indication claire de courbure dirigée à l'intérieur ou vers l'observateur, le long du bord postérieur interne de la mâchoire *o*, fig. 1 (la figure inférieure), courbure partant du bord antérieur du trou dentaire *n*. On jugera de l'importance de ce caractère en se rapportant à ce qui a été dit sur le même genre d'inflexion, à propos des mammifères de Stonesfield (t. I, p. 478, fig. 379 à 381). Dans les deux espèces, le nombre des vraies molaires se borne à deux ; cependant, la mâchoire du *P. Becklesii* appartient évidemment à un adulte : elle est munie de toutes ses dents. Un nombre aussi restreint de vraies molaires n'est pas ce que l'on aurait dû attendre chez un quadrupède sensé appartenir aux marsupiaux, car, dans cette tribu, les dents dont il s'agit sont normalement de quatre. En outre, chez les deux espèces, ces dents sont plus petites, en même temps qu'elles sont moins nombreuses.

Dans le Kanguroo-Rat n'existent qu'une seule prémolaire sillonnée, et quatre arrière-molaires, tandis que dans le *Plagiaulax* les vraies molaires étant réduites à deux, il se trouve, pour ainsi dire, par compensation, trois ou quatre prémolaires sillonnées. Dans le tout petit Opossum volant d'Australie (*Acrobata pygmæa*), on remarque un développement analogue de prémolaires, et les arrière-molaires sont réduites à trois ; le sous-genre *Dromicia*, ou phalanger pygmée, compte quatre prémolaires et trois arrière-molaires seulement. Chez le *Myrmecobius* vivant (1), les vraies molaires dépassent de beaucoup le nombre ordinaire, tandis que dans le *Plagiaulax* fossile, ces mêmes dents sont rudimentaires, et leur nombre est restreint, plus restreint que chez aucun des herbivores placentaires. Il est vrai que, pour la forme générale du coronoïde (*e*, fig. 1), le *Plagiaulax* ressemble plus aux marsupiaux carnassiers, et aux *Dasyurus* spécialement, qu'aux genres des familles herbivores ; mais, d'un autre côté, cet os est moins élevé, et sa surface plus limitée que dans les genres de carnassiers soit marsupiaux, soit placentaires.

Le condyle (*d*, fig. 1), qui se trouve en très bon état de conservation, est remarquable par son abaissement ; ce caractère, considéré isolément de tous les autres, aurait pu être envisagé comme indiquant un carnassier ; mais il est contre-balancé par une autre particularité sans exemple, suivant M. Falconer, chez les animaux de proie marsupiaux ou placentaires : par la longueur du col, et la projection horizontale du condyle *d* en arrière de l'apophyse coronoïde *e*. D'autres indications importantes impliquent un régime végétal : tels sont la surface limitée et le peu d'élévation du coronoïde au-dessus du plan de la dent, le faible développement du bord infléchi, l'absence de processus angulaire épais, la position avancée de l'orifice du canal dentaire (*n*, fig. 1), et la saillie que forme au-dessus de cet orifice le bord replié de la mâchoire inférieure. Ces différents traits, considérés en commun avec ceux de la dent, placeraient le *Plagiaulax* parmi les animaux à régime végétal ; et la position exceptionnelle du condyle peut être une modification spéciale se liant au caractère anormal de la dent, par exemple à l'excessif développement des prémolaires, et à la réduction à la fois du nombre et des dimensions des vraies molaires.

(1) J'ai donné une figure de la mâchoire inférieure de ce quadrupède dans mes *Principes de Géologie*, chap. IX, p. 138, 9e édition anglaise.

« Le caractère du condyle chez le *Plagiaulax*, observe M. Falconer, nous fournit donc un enseignement utile : il nous prévient contre la précipitation trop grande que l'on pourrait mettre à tirer de graves conclusions d'un trait unique de structure, dans une détermination paléontologique. Ce fossile ancien, ajoute le même auteur, est intéressant non-seulement par l'affinité qu'il montre avec le Kanguroo-Rat, mais encore par le témoignage qu'il semble prêter, à quelques égards, en faveur de généralisations récemment émises relativement à l'ordre d'apparition successive des mammifères sur la surface du globe. Suivant certains paléontologistes et anatomistes dont les noms font autorité dans la science, tandis que d'un côté il n'existerait aucune preuve positive établissant le développement progressif de la série, depuis les formes les plus inférieures jusqu'aux plus supérieures en organisation, d'un autre côté il y aurait des motifs plausibles pour croire à un autre ordre de développement, c'est-à-dire à des passages du général au spécial, lorsqu'on s'élève du tertiaire le plus ancien à la période moderne. Les partisans de cette doctrine admettent que les mammifères de la période Eocène, bien plus que ceux des époques postérieures, ont ressemblé à la condition générale archétype et originaire de l'organisation des vertébrés, et qu'ils ont fourni successivement, en montant vers les âges plus rapprochés de nous, des différences qui les ont éloignés de plus en plus du type originaire ou normal, et une spécialisation de plus en plus marquée des fonctions. Entre autres arguments, ces géologues invoquent le fait qu'un grand nombre des mammifères (herbivores ou carnivores) de l'Eocène le plus ancien possédaient l'entier développement du système des dents, tandis que des formes caractéristiques de ces derniers temps, telles que les *Felis* et les *Ruminants*, se font remarquer par la suppression de ces organes. Si la généralisation était réellement applicable autant qu'on l'a prétendu, nous devrions, pour chaque grande famille de mammifères, rencontrer des preuves d'un rapport d'autant plus étroit avec l'archétype, que nous reculerions plus loin vers les temps. Or le *Plagiaulax*, ou mammifère herbivore le plus ancien jusqu'à ce jour constaté, présente précisément l'exception la plus frappante que l'on puisse rencontrer dans la série entière des marsupiaux fossiles ou récents : le nombre de ses molaires est inférieur à celui de tout autre genre connu de cette sous-classe ; il fournit ainsi, vers l'extrémité la plus éloignée de la chaîne, les vrais caractères qui, sous l'empire de cette loi, n'auraient dû se rencontrer que dans quelques types de marsupiaux vivants. »

Le manuscrit de ces pages était prêt à livrer à l'impression (février 10, 1857), lorsque je reçus de M. Beckles une portion de crâne de mammifère, comprenant les deux maxillaires supérieurs, leurs dents, le palais en débris, et indiquant un petit insectivore. Au côté droit de la mâchoire on voit la série entière des molaires et des incisives. Les molaires sont plus nombreuses, mais les caractères de la dentition, suivant le docteur Falconer, montrent des rapports avec ceux du genre insectivore *Ericulus*, propre à Madagascar ; d'après les indications générales, le fossile serait un petit insectivore à placenta (1).

Ce fossile est le premier exemple d'une mâchoire supérieure de mammifère munie de ses dents découverte en roches secondaires ; M. Beckles n'en a compté plus tard que cinq (2) du même genre, parmi les vingt-huit qu'il a déterrés postérieurement (jusqu'au 20 mars). Les autres sept échantillons qui furent extraits à Purbeck par M. Brodie sont des mâchoires inférieures ; et l'on peut en dire autant des dix

(1) Bien que les dents diffèrent considérablement, par leur forme, de celles d'autres fossiles de Purbeck, il est bien possible que cet animal soit le même que l'une des petites espèces dont il a été question ci-dessus, et connues seulement par leurs mâchoires inférieures.

(2) La deuxième mâchoire du même genre que l'on découvrit fut un fragment de la partie faciale d'un Triconodon ; cet échantillon me parvint, envoyé par M. Beckles, le 18 février : il comprend le maxillaire droit avec quelques-unes des molaires, et une partie considérable du palais en bon état.

spécimens (représentant quatre espèces de mammifères) recueillis jusqu'à présent dans l'Oolite de Stonesfield.

C'est un fait surprenant que quarante à cinquante pièces ou portions latérales de mâchoires inférieures munies de leurs dents aient été découvertes au sein des couches Oolitiques, et qu'avec ces pièces ne se soient rencontrés que cinq maxillaires supérieurs, et une portion de crâne isolée (1). On ne connaît pas encore d'exemple d'un squelette complet, ou d'un grand nombre d'os en juxtaposition. Les débris sont disséminés en différents points de la roche de Purbeck ; souvent ils sont à un état très avancé de décomposition ; pour quelques-uns, le caractère de mammifère est à peine distinct, mais si tous étaient employés à restaurer des squelettes, ils suffiraient à peine pour compléter les cinq individus auxquels ont appartenu les cinq maxillaires supérieurs dont il a été question. Comme le nombre moyen des pièces constituantes d'un squelette de mammifère est d'environ 250, dans le cas actuel il doit manquer plusieurs milliers d'ossements ; pour expliquer leurs absence, peut-être aurions-nous raison d'adopter l'idée que me suggéra un jour le docteur Buckland, à propos du problème analogue de Stonesfield : « Les cadavres, me dit-il, des animaux noyés, lorsqu'ils flottent sur les rivières, gonflés comme ils le sont par les gaz résultant de la putréfaction, ont souvent la mâchoire inférieure béante ; quelquefois même celle-ci est complétement détachée ; le reste du corps flotte à la dérive vers un autre point, où, peut-être, il deviendra la proie d'un reptile ou d'un poisson vorace tels qu'Ichthyosaure ou Requin. »

On peut admettre aussi que lorsqu'un poisson ou autre animal aquatique saisit une proie en décomposition qui flotte

(1) Comme les échantillons de mammifères nous arrivent de semaine en semaine de M. Beckles, nous devons nous attendre à une augmentation considérable du nombre des individus, comme de celui des espèces, avant que les travaux d'exploration touchent à leur fin. M. Beckles, pour atteindre ces trésors, a déjà, à ses propres frais, retiré près de 3000 tonnes pesant de la pierre qui recouvre le lit n° 93.

à la surface ou gît au fond des eaux, il dévore d'abord avidement les portions charnues, et néglige telle autre partie, comme la mâchoire inférieure, presque exclusivement composée d'os et dents ; si l'organe osseux vient ensuite à se séparer, il peut rencontrer quelque courant de médiocre vitesse qui l'entraînera définitivement sur un fond de sable ou de boue, où il se trouvera pour toujours enveloppé à distance des autres os.

Parmi les plus récentes découvertes de M. Beckles (mars 19) on remarque la mâchoire inférieure d'un petit quadrupède carnassier d'âge adulte, munie d'une robuste canine et seulement de six molaires ; par ce caractère de la dentition, et par quelques autres, autant que l'observation nous permet de juger à cet égard, l'animal différait du type marsupial.

La petite taille des espèces jusqu'à ce jour recueillies est un fait digne de remarque ; les deux plus grosses ne dépassent guère d'un tiers le hérisson ou l'écureuil (1). A ce propos, le docteur Falconer fait observer que dans le dépôt d'eau douce Miocène de Sansan, département du Gers, près des Pyrénées (gisement si bien exploré par M. Lartet), il existe vers le bord du bassin une couche mince au sein de laquelle des os de petits mammifères tels que musaraignes et autres sont mêlés à des débris de grenouilles très abondants ; au contraire, vers la portion plus centrale de ce bassin, se rencontrent des squelettes entiers de *Mastodonte* et d'autres animaux gigantesques. La couche mince n° 93 du Purbeck peut représenter également les eaux basses d'une rivière, d'un lac ou d'une lagune, dans les parties plus profondes des-

(1) Parmi diverses acquisitions qui ont récemment enrichi la collection de M. Beckles (avril et mai 1857), et dont on n'a encore examiné qu'une partie, le professeur Owen m'a fait remarquer une portion de mâchoire inférieure de mammifère carnivore, probablement marsupial, de la taille du chat du pôle (*pole-cat*), *Mustela putorius*. Une différence dans la forme de l'une des prémolaires, qui porte un seul sillon vertical externe, l'a conduit à regarder ce fossile comme un nouveau genre, auquel il propose le nom de *Galestes*, abrégé de mots grecs signifiant *chat du pôle* et *bête de proie* (carnassier).

quelles auront été ensevelis des animaux fossiles d'une grande taille.

D'après l'ensemble des pièces recueillies par MM. Brodie et Beckles, y compris le *Spalacotherium* et une mâchoire inférieure appartenant au Rév. P. Brodie, que M. Owen a bien voulu me communiquer, on possède dès aujourd'hui (mars 14) quatorze espèces de mammifères du Purbeck Moyen ; et, sur ce nombre, je passe sous silence de nombreux débris présentant le plus haut intérêt ostéologique, mais sur lesquels on ne saurait hasarder aucune conjecture jusqu'à ce qu'ils aient été étudiés avec plus de détail. Ils appartiennent à huit ou neuf genres, les uns insectivores ou carnassiers, les autres encore obscurs quant à leurs affinités, et un dernier, herbivore pur, allié au Kanguroo-Rat d'Australie. Quelques-unes des espèces carnivores étaient des marsupiaux, et, parmi ces dernières, suivant l'opinion de Falconer, certaines appartenaient probablement aux placentaires.

Comme tous ces fossiles proviennent d'une surface qui ne dépasse pas 457 mètres carrés, et d'une seule couche qui ne mesure que quelques centimètres d'épaisseur, nous pouvons en toute sûreté conclure que tous vécurent ensemble dans la même région ; et, suivant toute probabilité, ce n'est ici qu'une fraction des mammifères qui habitèrent des terres baignées par une rivière et ses tributaires. Ils fournissent la première preuve positive connue jusqu'à ce moment de la coexistence d'une faune variée de la classe la plus élevée des vertébrés, avec ce large développement de reptiles qui a laissé des traces à travers toutes les périodes, depuis le Trias jusqu'au Crétacé Inférieur inclusivement, — de la coexistence aussi de cette faune avec une flore gymnosperme où les cycadées et les conifères prédominaient sur toutes les autres espèces de plantes, moins les fougères ; ces conclusions reposent sur quelques probabilités, autant du moins que nous pouvons en juger dans l'état imparfait de nos connaissances actuelles sur la botanique fossile.

Par le tableau suivant le lecteur verra d'un seul coup d'œil le remarquable développement en nombre que présentent actuellement les espèces Mammifères du Purbeck Moyen comparées à celles des autres formations plus anciennes que le gypse de Paris ; en même temps, il appréciera l'énorme hiatus qui s'offre aujourd'hui dans l'histoire des mammifères fossiles entre les périodes du Purbeck et de l'Eocène (1).

(1) J'ai dressé ce tableau avec l'aide de M. le professeur Owen pour les mammifères fossiles d'Angleterre, et de MM. Lartet et Hébert pour ceux des couches Éocènes de France. Il existe, en outre, plusieurs espèces non décrites dans les collections de ces deux derniers paléontologistes, ou dans des musées à leur connaissance ; et, quant à une ou deux localités Éocènes sur le continent, placées en dehors du bassin de Paris, l'âge des dépôts était trop peu connu pour nous permettre d'intercaler ici leurs fossiles.

Nombre et distribution de toutes les espèces connues de mammifères fossiles des couches plus anciennes que le Gypse de Paris ou que la série de Bembridge de l'île de Wight.

	Couches	Nombre	Distribution
TERTIAIRE.	Série de Headon, et couches comprises entre le Gypse de Paris et le Grès de Beauchamp	14	10 Anglais. 4 Français.
	Argile de Barton et Sables de Beauchamp	0	
	Couches de Bagshot, Calcaire Grossier, et Soissonnais Supérieur de Cuise-la-Motte	20	16 Français. 1 Anglais. 3 États-Unis (1).
	Argile de Londres, y compris les Sables de Kyson	7	Tous Anglais.
	Argile Plastique et Lignite	9	7 Français. 2 Anglais.
	Sables de Bracheux	1	1 Français (2).
	Sables de Thanet, et Landénien inférieur de Belgique	0	
SECONDAIRE.	Craie de Maestricht	0	
	Craie Blanche	0	
	Craie Marneuse	0	
	Grès Vert Supérieur	0	
	Gault	0	
	Grès Vert Inférieur	0	
	Weald Clay, etc.	0	
	Sables de Hastings	0	
	Oolite Supérieure de Purbeck	0	
	Oolite Moyenne de Purbeck	14	Anglais (Purbeck).
	Oolite Inférieure de Purbeck	0	
	Oolite de Portland	0	
	Kimmeridge-Clay	0	
	Coral-Rag	0	
	Oxford-Clay	0	
	Grande Oolite	4	Anglais (Stonesfield).
	Oolite Inférieure	0	
	Lias	0	
	Trias Supérieur	1	Wurtemberg. (Stuttgart)
	— Moyen	0	
	— Inférieur	0	
PRIMAIRE.	Permien	0	
	Carbonifère	0	
	Silurien	0	
	Cambrien	0	

(1) Plusieurs *Zeuglodon* trouvés dans l'Alabama, et que des zoologistes ont rapportés à 3 espèces.

(2) Les Sables de Bracheux, bien qu'un peu plus anciens que l'Argile Plastique, seraient, pour M. Prestwich, un peu plus nouveaux que les Sables de Thanet, — probablement un équivalent marin des lits d'eau douce ou d'eau saumâtre de Woolwich. Ils ont fourni, à la Fère, l'*Arctocyon* (*Palæocyon*) *primævus*, le plus ancien mammifère tertiaire connu.

Après ce que j'ai dit à la fin du chapitre XXVII, pages 213, 217, t. II, et chap. XXV, p. 131, même tome, il ne me reste que peu de chose à ajouter sur la portée des découvertes qui viennent d'être faites dans le Purbeck, et sur les théories géologiques qui ont été trop hâtivement avancées en faveur de la non-existence ou de la rareté, à de certaines époques, d'animaux à respiration aérienne, théories déduites du fait qu'on n'aurait jusqu'à présent découvert aucune trace de ces animaux au sein des couches dont il est question. Toutefois, je me garderai d'omettre qu'à travers les Sables de Hastings sont répandus de petits lits d'argile et de grès au sein desquels M. Beckles a découvert de nombreuses empreintes de pas de quadrupèdes ; les mêmes lits se rencontrent, accompagnant un groupe semblable de roches, dans le Sussex et l'île de Wight. Ces empreintes paraissent appartenir à trois ou quatre espèces de reptiles, mais aucune d'elles ne se rapporte d'une manière précise aux quadrupèdes à sang chaud. Le fait de leur présence doit être pour nous un avertissement utile : lorsqu'il nous arrivera de ne pas découvrir d'empreintes de pas de mammifères au sein de roches plus anciennes que les précédentes (dans le Nouveau Grès Rouge, par exemple), nous ne devrons pas pour cela nous hâter de conclure que tous les quadrupèdes autres que des reptiles ont fait défaut à la création de ces temps-là.

Mais les couches du Purbeck nous fournissent encore un autre enseignement ; toutes ces couches, à l'exception de quelques petits lits d'eau saumâtre ou salée qui les accompagnent, sont d'origine d'eau douce ; leur puissance totale est de 48 mètres ; elles ont été fouillées par d'habiles collectionneurs, par feu Édouard Forbes en particulier, et étudiées pendant plusieurs mois consécutifs ; on les a comptées, et le contenu de chacune d'elles a été soigneusement noté par les officiers du *Geological Survey* de la Grande-Bretagne. Forbes les a divisées en trois groupes distincts, tous trois caractérisés par le même genre de mollusques pulmonés et de Cypris, mais par des espèces différentes ; elles recèlent des insectes de divers ordres, et des fruits de plusieurs plantes ; enfin, elles contiennent des *lits de boue*, ou anciennes surfaces de terre et de sol, à différents niveaux, et, au travers de quelques-unes, on remarque des troncs et souches en position verticale, des cycadées et des conifères avec leurs racines encore en place. Cependant, lorsque le géologue interroge cette merveilleuse série, et se demande si jamais à aucune de ces trois périodes ne vécurent des animaux terrestres d'un rang plus élevé en organisation que les reptiles, les roches sont silencieuses ! Sur un point seulement, un simple petit lit de quelques centimètres d'épaisseur répond à la question, et la page restreinte qu'il nous fournit sur l'histoire de la terre suffit néanmoins pour révéler tout d'un coup le souvenir d'espèces de mammifères fossiles en nombre tel, qu'il dépasse déjà celui de plusieurs des sous-divisions de la série Tertiaire, et de beaucoup celui de toutes les autres roches secondaires prises ensemble !

Suivant le professeur Owen, les Insectivores du Purbeck appartiendraient en partie à la même famille naturelle que ceux de Stonesfield. Quelques-uns au moins furent des marsupiaux, et, d'après le docteur Falconer, le *Plagiaulax* de Purbeck, marsupial herbivore lui-même, se rapprocherait tellement du *Microlestes* du Trias, qu'il faudrait considérer ce mammifère le plus ancien comme étant aussi un quadrupède à poche, ayant quelque affinité avec le Kanguroo-Rat vivant.

En Australie et dans les îles environnantes vivent environ cent espèces de marsupiaux, avec un certain nombre de placentaires (chauves-souris et rongeurs) ; par opposé, sur notre continent, les espèces fossiles montrent que les Kanguroos, Wombats, loups de Tasmanie (ou *Thylacines*), Dasyures, et autres marsupiaux d'espèces aujourd'hui éteintes ont précédé la création actuelle. Bien que les localités de Stuttgart, Stonesfield et Purbeck n'occupent pas une surface plus large que l'île moyenne de la Nouvelle-Zélande, durant la période Oolitique une bien plus large surface en Europe a dû jouir de certaines conditions géographiques et climatériques, et nourrir une végétation particulière, favorable à une faune plus rapprochée de celle des Antipodes actuels que de celle de l'Europe moderne. Pendant les périodes Triasique Supérieure, Liasique et Oolitique succédèrent des groupes de quadrupèdes analogues aux précédents, et cela, jusqu'à une époque plus rapprochée de nous où, après l'intervalle marqué par les roches Wealdiennes et Crétacées, un autre état géographique ayant succédé, les Mammifères Tertiaires d'Europe entrèrent en scène, et vinrent occuper la même surface.

Toutefois, les partisans de la doctrine du développement progressif donneront une autre explication de ces phénomènes : ils rapporteront la proportion considérable de marsupiaux des faunes de Stonesfield et de Purbeck à des conditions plutôt chronologiques que climatériques, à l'âge de la planète plutôt qu'à l'état particulier d'une portion de sa surface continentale. Aux époques Triasique et Oolitique, pour eux n'avait point encore commencé la création ou le développement d'êtres plus élevés en organisation. — L'expérience nous prêtera des lumières à ce sujet, et nous dira plus tard si de telles idées sont fondées. En attendant, rappelons-nous que l'Australie nourrit aujourd'hui cent espèces de Marsupiaux, tandis que le reste des continents et des îles du globe, qui compte environ 1700 espèces de mammifères, ne fournit que 46 marsupiaux (les Opossums des deux Amériques); n'oublions pas aussi que, durant la période Pliocène, à travers l'Europe, l'Asie et l'Amérique, autant du moins que nous l'apprennent les faits jusqu'à ce jour acquis, vint une faune d'animaux à placenta, composée d'espèces pour la plupart aujourd'hui éteintes, et qui fut contemporaine des Marsupiaux, eux-mêmes éteints, de la période Pliocène en Australie. De tels faits, bien que trop limités pour nous permettre déjà de tirer avec confiance des conclusions générales, semblent impliquer qu'à une certaine époque du passé, de même que de nos temps, la prédominance de divers familles de mammifères terrestres a dépendu bien plus des conditions de l'espace que de celles du temps, ou, en d'autres termes, que cette prédominance a subi la loi beaucoup plus des circonstances géographiques que du développement successif de l'organisation, à mesure que la planète parcourait les temps.

DÉCOUVERTE DE DÉBRIS DE MAMMIFÈRES AU SEIN DE ROCHES D'UNE HAUTE ANTIQUITÉ, DANS LA CAROLINE DU NORD, ÉTATS-UNIS.

Six semaines seulement se sont écoulées depuis la publication, dans la première édition de ce supplément, des remarques qui précèdent sur les mammifères de Purbeck, et déjà, pendant ce court intervalle, nos connaissances sur l'ancienne distribution géographique des Mammifères Secondaires ont fait un pas nouveau. Le docteur Emmons annonce, dans un volume récemment publié de sa *Géologie de l'Amérique* (VI partie, p. 93), qu'il a découvert, l'année dernière (1856), trois mâchoires inférieures d'un mammifère insectivore au sein de bancs houillers à Chatam, Caroline du Nord. Il a donné une figure de la branche de l'une de ces mâchoires, longue de 0m,023, et portant une série continue de dix molaires, une canine et trois incisives. Les trois molaires postérieures sont tricuspides, comme chez le *Spalacotherium;* les quatre suivantes, multicuspides ; les trois antérieures, simples, coniques et minces. Les incisives sont séparées comme celles du *Phascolotherium*, marsupial type. La structure de la mâchoire, d'après la figure publiée par le docteur Emmons, montrerait à la fois quelques points d'analogie avec le *Spalacotherium*, et quelques différences avec le même type.

Le docteur Emmons a nommé ce fossile *Dromatherium sylvestre*. Il rapporte à la période Permienne les couches au sein desquelles il était enfoui, pour le motif principal qu'elles contiennent des débris de Sauriens Thécodontes ; mais comme des espèces fossiles de cette famille de reptiles se sont rencontrées également dans le Trias Supérieur de Wurtemberg, la raison alléguée par ce savant n'entraîne pas une valeur décisive. Toutefois, le fossile est sans aucun doute aussi ancien que le bassin houiller de Richmond, Virginie, que j'ai décrit dans le *Manuel*, p. 20, t. II. Le *Dromatherium* appartiendrait donc à la partie inférieure de la série Jurassique, plus ancienne que le schiste de Stonesfield, et, par conséquent, on peut le regarder comme l'un des représentants les plus anciens jusqu'à ce jour connus de la classe des mammifères.

TRIAS SUPÉRIEUR DES ALPES ORIENTALES. (P. 28, t. II.)

Constatation d'un équivalent marin du Trias Supérieur dans les Alpes Autrichiennes. — Véritable position des couches de Saint-Cassian et de Hallstatt. — 800 espèces nouvelles de Mollusques et de Rayonnés Triasiques. — Lien fourni ainsi entre les faunes Paléozoïque et Néozoïque.

La véritable position, au travers de la série générale, de certaines roches des Alpes nommées *les couches de Saint-Cassian*, a été pendant longtemps un sujet de doute et de discussion ; mais les recherches poursuivies par plusieurs géologues éminents parmi lesquels je citerai principalement De Buch, Élie de Beaumont, Murchison, Sedgwick et Klipstein, en Suisse MM. Escher et Mérian, et, plus récemment, en Autriche MM. von Hauer, Suess et Hoernes, ont démontré que ces roches sont très certainement du Keuper ou Trias Supérieur. Il a été prouvé aussi que les lits de Hallstatt sur le versant septentrional des Alpes Autrichiennes sont d'âge correspondant aux couches de Saint-Cassian du versant opposé de la même chaîne. Par ces découvertes, la Paléontologie a gagné tout à coup et de la manière la plus inattendue une riche faune marine appartenant à une période que l'on avait d'abord supposée très dépourvue de débris organiques, le Trias Supérieur en Angleterre, en France et dans le nord de l'Allemagne étant représenté principalement par des lits d'origine d'eau douce ou d'eau saumâtre. M. Édouard Suess, de Vienne, à qui l'on doit plusieurs mémoires sur les roches en question, a bien voulu me donner le sommaire suivant de l'ordre de succession des lits de Hallstatt dans les Alpes Autrichiennes ; j'ai eu l'heureuse occasion, lors de mon voyage en automne, 1856, de vérifier ses résultats, en société de M. Gümbel, de Munich.

Les lits les plus supérieurs, énumérés en première ligne, gisent immédiatement au-dessous du Lias Inférieur du Jura de Souabe. Ce terrain est représenté près de Vienne par un calcaire brun, contenant les *Ammonites Bucklandi*, *A. Conybearii*, etc.

Couches Infra-liasiques (?) des Alpes Autrichiennes, par ordre descendant.

1. Lits de Koessen. (Synonymes : Lits Supérieurs de Saint-Cassian, de Escher et Mérian ; Trias Supérieur ? ou intermédiaire entre le Lias et le Trias.)	Calcaire gris et noir, avec marnes calcaires, d'une épaisseur d'environ 15 mètres. Parmi ses fossiles abondent les Brachiopodes ; quelques espèces, peu nombreuses, sont communes au Lias ; grand nombre sont particulières. *Avicula contorta*, *Pecten Valoniensis*, *Cardium Rhæticum*, *Avicula inæquivalvis*, *Spirifer Munsteri*, Dav. Les couches qui contiennent les fossiles ci-dessus alternent avec les lits de Dachstein, qui viennent ensuite au-dessous.	
2. Lits de Dachstein, entre le Lias et le Trias.	Calcaire blanc ou grisâtre, souvent en lits de 0m,90 à 1m,20 d'épaisseur. Épaisseur totale de la formation, environ 600 mètres. Partie supérieure fossilifère, avec quelques couches composées de coraux (*Lithodendron*). Partie inférieure dépourvue de fossiles. Parmi les coquilles caractéristiques sont l'*Hemicardium Wulferii*, *Megalodon triqueter*, et autres grandes bivalves.	
3. Lits de Hallstatt (ou Saint-Cassian). Trias Supérieur.	Marbre rouge, panaché ou blanc, de 240 à 300 mètres de puissance, contenant plus de 800 espèces de fossiles marins, la plupart des Mollusques. Plusieurs espèces d'*Orthoceras*, *Ammonites* vraies, outre des *Ceratites* et *Goniatites*, *Belemnites* (rare), *Porcellia*, *Pleurotomaria*, *Trochus*, *Monotis salinaria*, etc.	
4. *A*. Lits de Guttenstein *B*. Lits de Werfen, base du Trias Supérieur ? Trias Inférieur de quelques géologues.	A. Calcaire noir et gris, épais de 45 mètres, alternant avec les lits de Werfen, qui gisent au-dessous. B. Schiste et Grès Rouge et Vert alternant avec les lits inférieurs de Werfen.	Parmi les fossiles, le *Ceratites Cassianus*, *Myacites Fassaensis*, *Naticella costata*, etc.

Quant à l'âge des roches que nous venons d'énumérer, certains géologues rapportent les lits de Koessen et de Dachstein au Lias, d'autres au Trias, et plusieurs les considèrent comme étant d'âge intermédiaire. Suivant M. Suess, les lits de Koessen correspondraient au lit à ossements supérieur de Souabe dans lequel a été découvert le *Microlestes* (voy. p. 36, t. II) ; mais il ne faut pas oublier que cette couche contient de véritables espèces Triasiques de reptiles et de poissons. En somme, les lits 1 et 2 montrent une faune très particulière, et M. Suess fait remarquer que quelques-uns de leurs fossiles sont identiques à ceux des *lits de Portrush*, Irlandais, du colonel Portlock, décrits dans le Rapport de ce savant sur Londonderry. Les lits de Koessen ont été suivis sur 185 kilomètres, des environs de Genève à ceux de Vienne.

Mais quels que soient les doutes qui subsistent encore sur l'âge exact des lits n°s 1 et 2, il est aujourd'hui hors de contestation que ceux de Hallstatt et de Saint-Cassian appartiennent au Keuper ou Trias Supérieur ; mais le Grès de Werfen, n° 4, doit-il faire partie de la même série ? ou bien, comme Von Hauer penche à le croire, être classé comme équivalent du *Bunter* ou *Trias inférieur?* L'absence de fossiles bien caractérisés du Muschelkalk, dans les Alpes Autrichiennes, ne permet pas facilement de résoudre cette question. D'après de riches dépôts de sel associés aux lits de Werfen, quelques géologues ont pensé que ces lits pouvaient appartenir au Trias Supérieur. Si on les classait comme *Bunter*, le calcaire de Guttenstein correspondrait alors en position au Muschelkalk ; mais on n'a jamais rencontré de fossiles du Muschelkalk à travers ce dépôt ou celui de Werfen ; tandis que, d'un autre côté, on sait que du véritable Muschelkalk existe dans les Alpes Italiennes et en Hongrie ; de telle sorte que bientôt les doutes seront levés à cet égard.

Plusieurs des 800 espèces fossiles de Hallstatt et de Saint-Cassian n'ont pas encore été décrites ; quelques-uns se rapportent à des genres nouveaux particuliers tels que *Scoliostoma* (fig. 4) et *Platystoma* (fig. 5), deux Gastéropodes; *Koninckia* (fig. 6), Brachiopode.

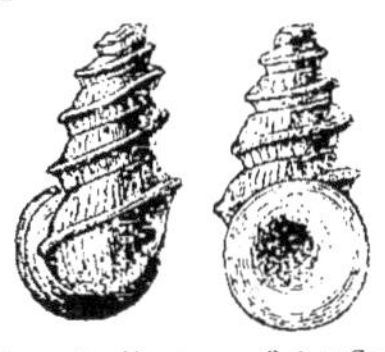

FIG. 4. — *Scoliostoma*, Saint-Cassian.

FIG. 5. — *Platystoma Suessii*, Hoernes; de Hallstatt.

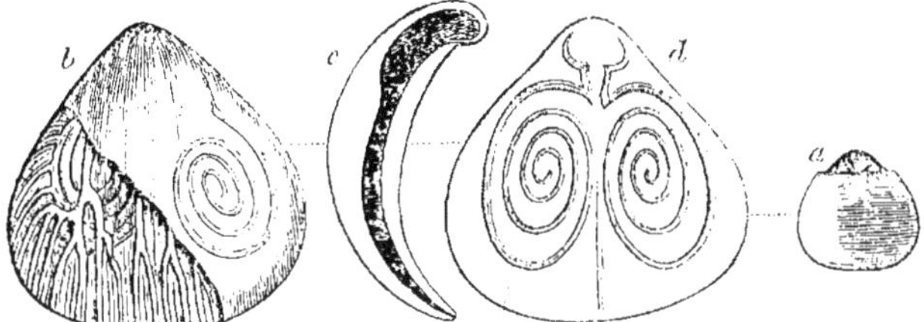

FIG. 6. — *Koninckia Leonhardi*, Wissmann.

a. Face dorsale, grandeur naturelle. — *b*. Face ventrale, portion de la valve ventrale enlevée pour montrer l'intérieur de la valve dorsale et ses empreintes vasculaires. On distingue l'un des processus spiraux à travers la coquille translucide. — *c*. Coupe des deux valves. — *d*. Intérieur de la valve dorsale, avec les processus spiraux restaurés (Suess).

Le tableau suivant des genres de coquilles marines de Hallstatt et de Saint-Cassian, que j'ai dressé avec l'aide de MM. Suess et Woodward, montre le grand nombre de liens que fournit dès aujourd'hui le Trias Supérieur entre la faune des roches primaires et celle des roches secondaires.

Genres de Mollusques fossiles des lits de Saint-Cassian et de Hallstatt.

Communs aux roches plus anciennes.	Genres Triasiques caractéristiques.	Communs aux roches plus nouvelles.
Cyrtoceras.	Ceratites.	Ammonites.
Orthoceras.	Scoliostoma (ou *Cochlearia*).	*Belemnites.
Goniatites.	Naticella.	*Nerinæa.
*Loxonema.	Platystoma.	Opis.
*Holopella.	Isoarca	Cardita.
Murchisonia.	Pleurophorus.	Trigonia.
Euomphalus.	Myophoria.	Myoconchus.
Porcellia.	Monotis.	Ostrea (1 espèce).
*Megalodon.	Koninckia.	Plicatula.
Cyrtia.		Thecidium.

Les genres marqués d'un astérisque sont donnés sur l'autorité de M. Suess, et les autres, sur celle de M. Woodward d'après les échantillons de Saint-Cassian que possède le Muséum Britannique.

4

La première colonne indique la dernière apparition de plusieurs genres caractéristiques des couches paléozoïques. La deuxième contient d'autres genres qui distinguent le Trias Supérieur, se montrant particuliers à ce terrain, ou atteignant leur maximum de développement à cette époque. La troisième colonne marque la première existence de genres destinés à devenir plus abondants à des époques postérieures.

Comme on n'avait jamais rencontré d'*Orthoceras* dans le Muschelkalk marin, on fut fort étonné lors de la première découverte de 7 ou 8 espèces de ce genre à travers les couches de Hallstatt. Certaines de ces espèces, de grande taille, sont associées à de larges Ammonites à lobes feuillés (*foliated*), forme que l'on n'a pas encore rencontrée aussi bas dans la série ; tandis que l'Orthocère n'a jamais été vue à un niveau aussi élevé, bien que dans ces derniers temps on l'ait signalée au sein des couches d'Adnet, ou Lias Inférieur, en Autriche. Sans aucun doute, si, plus tard, il nous était donné d'étudier une faune marine aussi riche de l'âge du Bunter-sandstein ou Trias Inférieur, nous verrions la grande différence qui existe entre les formes Paléozoïques et Néozoïques disparaître presque totalement, et la durée de temps entre les ères Permienne et Triasique semblerait beaucoup moins longue.

SUR L'EXISTENCE SUPPOSÉE DE PLANTES PHÆNOGAMES (NON GYMNOSPERMES) DANS LA FORMATION HOUILLÈRE. (P. 83, t. II.)

C'est une question de savoir si jamais le botaniste n'a extrait de couches plus anciennes que le Weald un seul échantillon bien déterminé de plantes à fleurs autres que Gymnospermes (Conifères et Cycadées). Supposant l'absence de ces sortes de plantes, des auteurs ont admis que les genres les plus élevés en organisation avaient été créés, ou s'étaient développés à des époques comparativement modernes ; cependant l'*Antholithes* de la Houille (dont nous avons donné la figure (p. 84, t. II) a, dès l'année 1835, été considéré par Lindley comme allié aux Broméliacées. Récemment aussi, M. Ch. Bunbury m'a fait remarquer dans sa collection un Antholite provenant du bassin houiller de Newcastle, qu'il compare à l'*Antholyza*, genre d'Iridée. Le docteur Hooker, à qui j'ai montré cet échantillon, a bien voulu m'adresser à son sujet les observations suivantes :

« Kew, 18 février 1857.

» Après mûr examen du magnifique échantillon d'*Antholithes Pitcairniæ* que vous m'avez confié, je n'hésite pas à revenir sur l'opinion que je vous avais d'abord exprimée (*Manuel*, etc., p. 84, t. II), savoir : qu'il peut exister un rapport entre le genre Antholite et les Conifères. Tous les échantillons que j'avais d'abord étudiés étaient imparfaits, et m'avaient suggéré l'idée que les fleurs (ainsi nommées) seraient peut-être des touffes de jeunes feuilles semblables à celles du Larix. Dans le spécimen que j'ai maintenant sous les yeux, ces organes sont beaucoup mieux conservés, et confirment (autant que ces sortes de matériaux peuvent le faire) l'idée de Lindley : que l'*Antholithes* est un épi de plante à fleur d'un degré supérieur d'organisation, et en pleine floraison. Ce spécimen, comme vous savez, ne présente pas de structure ; c'est une empreinte, et, par conséquent, je ne puis juger de ses affinités que par les apparences. Or, je ne sache rien, parmi les végétaux Cryptogames, ni parmi les Phænogames gymnospermes, qui offre la moindre ressemblance avec cet *Antholithes ;* mais à la fois les Monocotylédonés et les Dicotylédonés comprennent des genres auxquels on peut, avec raison, le comparer. Je veux parler, dans les premières, de genres de *Broméliacées*, *Scitaminées* et *Orchidées*, et, dans la dernière, de genres de *Labiées*, *Lobéliacées*, et de quelques autres. En somme, la ressemblance est plus frappante avec les *Broméliacées*, parmi lesquelles se range le genre *Pitcairnia* qui a suggéré le nom spécifique employé par Lindley. »

Un autre Antholite, en apparence d'espèce différente, trouvé par M. Prestwich dans les couches houillères de Coalbrook-Dale, et décrit par M. Morris sous le nom d'*Antholithes anomalus*, avec figure, dans les *Transactions de la Société Géologique de Londres* (2e série, vol. V, pl. XXXVIII, fig. 5). Il diffère complétement de tout type connu de la classe des Gymnospermes ou de celle des Cryptogames, et ressemble beaucoup, par ce que l'on suppose être le développement de ses organes floraux, au type Phænogame ordinaire. Néanmoins, jusqu'à présent, M. Robert Brown et le docteur Hooker considèrent encore certains appendices terminaux de ce genre curieux comme non déterminés ; ses affinités ne sont donc pas définitivement établies.

ROCHES SILURIENNES ET CAMBRIENNES, ET THÉORIE DES COLONIES DE M. BARRANDE.

Depuis que j'ai mentionné dans le texte du *Manuel* (p. 189, t. II) les découvertes faites en Bohême par M. Barrande, et relatives aux roches Paléozoïques, j'ai eu le précieux avantage, durant l'été, 1856, de visiter, en société de ce savant, le champ de ses heureux travaux aux environs de Prague, d'observer l'ordre et la succession des roches tels qu'il les interprète, enfin, d'admirer l'immense collection qu'il a recueillie pendant plus de vingt ans. Cette collection, pour le nombre et l'importance des objets qui la composent, serait comparable bien plus aux résultats d'un travail commandé par un Gouvernement, qu'à des acquisitions faites au moyen de ressources privées. Plus de 1500 espèces d'invertébrés fossiles, nouvelles à l'exception de quelques Brachiopodes, et toutes appartenant à des couches plus anciennes que le Devonien, ont couronné les habiles recherches de l'infatigable géologue.

M. Barrande a démontré, dans un récent ouvrage, que la faune qu'il appelle *primordiale*, faune de date correspondante aux roches cambriennes d'Angleterre, est aussi contemporaine des fossiles des schistes alunifères et des calcaires de Suède si bien décrits par M. Angelin. Dans les deux contrées, cette faune, la plus ancienne jusqu'à ce jour connue, se compose presque exclusivement de Trilobites ; on n'a guère réussi, jusqu'à présent, à y découvrir aucun mollusque ou échinoderme de la même période. Toutefois, nous avons suffisamment démontré que des circonscriptions (ou provinces) distinctes d'animaux et de plantes avaient existé, à ces temps si éloignés, en Scandinavie, en Bohême, en Angleterre, aux États-Unis.

Les Trilobites ont fourni, au sein de ces couches *primordiales*, 27 espèces en Bohême, 71 en Scandinavie, 12 en Amérique, et 10 en Angleterre ; toutes se rapportent à un même groupe de genres, mais pas une sur cent n'est commune aux différentes surfaces. La doctrine de l'universalité d'une faune primordiale, autrefois si populaire, se trouve ainsi, et pour toujours, renversée. Si elle conserve encore un reste d'appui dans l'esprit de quelques paléontologistes, c'est probablement parce que certaines plantes de l'ère carbonifère sont très développées en surface. Mais, outre les faits qui viennent donner chaque jour à ce cas un caractère d'exception, il devient de plus en plus évident que l'anomalie apparente tient en partie à la prédominance, dans cette flore ancienne, de Fougères et de Lycopodiacées, ordres dont les espèces vivantes sont répandues sur une si large surface, et, en partie, à l'abondance de plantes telles que les Sigillariées, qui n'ont pas d'analogues vivantes. Aucune preuve, jusqu'à ce jour, n'établit véritablement que les Conifères de l'ère carbonifère aient eu un plus large développement en surface que les espèces vivantes de la même classe.

M. Barrande a démontré que des ensembles distincts d'espèces ont habité des régions séparées, non-seulement aux plus anciennes époques paléozoïques connues, mais encore aux temps de ses seconde et troisième faunes, pendant lesquels se sont déposées les roches de l'âge des Siluriens Inférieur et

Supérieur d'Angleterre. A ces époques vécurent des espèces particulières de Crustacés, de Céphalopodes, de divers autres mollusques et de coraux : un groupe en Bohême, un autre en Scandinavie, et d'autres encore dans les diverses grandes régions que nous avons précédemment énumérées, en un mot, partout où ces anciennes couches ont été étudiées avec soin.

Mais si, à chaque première époque, des régions séparées sur la terre ont été simultanément peuplées de groupes distincts d'espèces marines appropriées au climat, à la profondeur de la mer, à la nature minérale des fonds, à la position relative des continents et des plus grandes îles, enfin aux diverses conditions des deux mondes organique et inorganique, — à chaque première époque aussi la surface du globe a dû être partagée en provinces zoologiques distinctes, séparées l'une de l'autre seulement par d'étroites et abruptes barrières comme l'isthme actuel de Suez, ou celui de Panama. On sait qu'une faune marine particulière vit aujourd'hui de chaque côté de ces deux étroites langues de terre, et il est évident qu'un léger affaissement de la croûte terrestre, de quelques centaines de décimètres seulement, suffirait pour déterminer l'invasion des espèces d'un territoire à l'autre ; on se demande s'il ne subsiste aucune trace d'invasions pareilles laissées çà et là par les exhaussements et abaissements itératifs qu'attestent les faits géologiques. M. Barrande a trouvé une réponse claire et satisfaisante à cette question ; il a découvert près des limites supérieures des couches Siluriennes Inférieures de Bohême (dans son *Étage D*) une masse intercalée, de forme lenticulaire, d'une roche fossilifère dont les débris organiques sont tous spécifiquement identiques avec ceux que fournissent les dépôts qui les recouvrent, ou Siluriens Supérieurs. Il a donné à cette faune d'intrusion le nom de *Colonie*, nom un peu ambigu peut-être, mais exprimant fidèlement une partie de sa théorie, c'est-à-dire consacrant l'existence d'une faune contemporaine presque alliée à la troisième faune E ou du Silurien Supérieur, laquelle, pendant le dépôt des couches D, se serait établie sur la surface actuelle du pays de Bohême, et en aurait été plus tard expulsée pour réapparaître après un certain laps de temps sous un aspect un peu différent. Voici une copie de la coupe par laquelle M. Barrande explique cette théorie des Colonies, coupe que j'ai vérifiée sur place, du moins en ce qui concerne la succession géologique et la position des roches. On verra que la colonie indiquée E par M. Barrande,

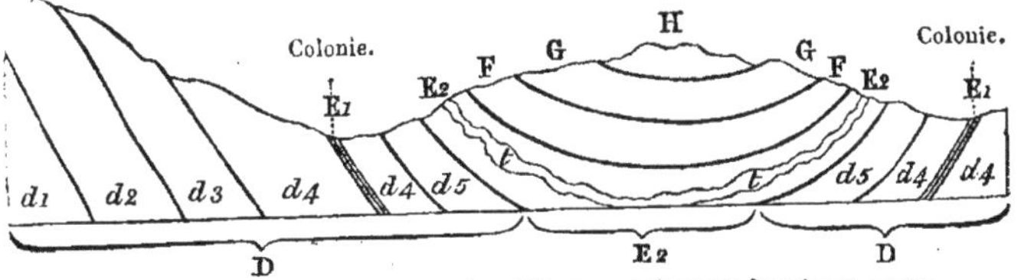

FIG. 7. — *Coupe à travers les Couches Siluriennes formant bassin au centre de la Bohême. — Barrande.*

D. Silurien Inférieur, avec fossiles de la deuxième faune de M. Barrande, contemporain des Llandeilo-flags de Murchison. (*d* 1 à *d* 5. Sous-divisions du terrain précédent). — E 1. Colonie, ou lits intercalés, avec fossiles la plupart spécifiquement identiques avec ceux de E 2. — E 2, F, G, H. Sous-divisions du Silurien Supérieur, avec fossiles de la troisième faune de Barrande. — *t*. Trapp d'origine contemporaine à E 2, et qui se montre aussi quelque peu dans le dépôt E 1.

mais que j'appellerai E 1, se rencontre au milieu des couches *d* 4, l'une des sous-divisions de D (ainsi désignée par Barrande). La faune propre à E 1 ne contient pas moins de soixante-cinq espèces, dont cinq particulières ou non connues ailleurs, deux communes à la faune de *d* 4, dans laquelle elles sont intercalées, et les autres cinquante-huit appartenant à la base de la troisième faune ou du Silurien Supérieur de Barrande, que j'ai marquée de la lettre E 2.

Feu Édouard Forbes, commentant cette théorie des colonies, disait : « Si les géologues l'acceptent, elle affectera matériellement la valeur des débris organiques dans la détermination de l'âge et de la série des formations, car elle suppose l'introduction d'un groupe d'espèces que l'expérience a prouvé appartenir normalement à une formation postérieure et distincte, introduction non simplement par mélange au sein de la faune d'un étage plus ancien, mais en groupe distinct intercalé dans cette faune (1). » Ainsi, le professeur Forbes, tout

(1) *Quart. Geol. Journ.*, 1854, vol. X, p. 34.

en professant la plus haute admiration pour les talents et les travaux de M. Barrande, se demande si l'observation des faits a été bien exacte, et il ajoute : « Dans une contrée très tourmentée où les couches inclinent sous des angles aigus, et ont été soumises probablement à des bouleversements ou contorsions, il peut très bien se rencontrer des interversions à un degré tel, que l'on voie des fossiles plus nouveaux gisant à un niveau supérieur ou égal à celui des fossiles plus anciens. » Mais si mon regrettable ami eût visité les environs de Prague, il aurait appris que les assises dans cette région ne présentent point la confusion de celles des Alpes, et promptement il aurait acquis la conviction qu'un observateur aussi habile que M. Barrande n'avait pu se tromper. En effet, l'ordre de superposition, à travers la contrée dont il s'agit, n'est nullement obscur; de plus, on observe dans les faubourgs de Prague, que j'ai eu l'occasion d'examiner, un point où la formation coloniale intercalée E 1 se trouve réduite en épaisseur à 0^{m},12, où cependant elle se montre encore parfaitement caractérisée par son contenu organique, bien que présentant en ce même endroit, comme du reste on devait s'y attendre, un léger mélange de faunes distinctes, par exemple deux des espèces de *d* 4 associées à un grand nombre de fossiles propres à E 1.

Maintenant, comment expliquer ces phénomènes ? Les faits en eux-mêmes me paraissent avoir été mal interprétés, et cela par deux causes : d'abord, peut-être, par l'emploi du mot *Colonie*, ensuite par le manque de noms distincts pour la désignation des deux périodes ou sous-divisions de temps E 1 et E 2. Ces faits, du reste, sont loin d'être simples : ils impliquent à la fois la colonisation alternative d'une certaine étendue de pays par deux nations distinctes d'espèces, et le changement non interrompu de caractères pour les deux nations contemporaines, changement consistant dans l'extinction d'anciennes espèces et la naissance ou la première apparition d'espèces nouvelles. M. Barrande est comparable tout à fait à un antiquaire qui prétendrait avoir trouvé la preuve par un monument de l'établissement d'une colonie Anglo-Saxone sur des possessions romaines à l'époque de l'empereur Justinien ; on ne connaît en réalité aucun anachronisme dans les faits paléontologiques tels qu'ils se présentent en Bohême, et tels que les a décrits l'auteur dans sa théorie des *Colonies.* Il nous dit seulement, quant à la colonie E 1, que sur soixante-trois espèces, cinq lui sont particulières sur les points où elle se montre dans son plein développement, — en d'autres termes, les espèces de E 1 et E 2 offrent une différence s'élevant à environ 8 ou 9 pour 100, ce qui indique un changement de non moins d'un douzième de la faune totale dans l'intervalle compris entre E 1 et E 2, pour ne rien dire de la discordance qui résulterait de la rareté d'espèces particulières dans la première période, rareté contrastant avec leur abondance dans la seconde, et *vice versâ.*

Avant de se croire autorisé à regarder ce cas comme anormal, ou ne se montrant point en harmonie avec les lois connues qui ont régi la fluctuation du monde organique durant les âges, le géologue doit d'abord démontrer que la faune appelée D a subi de plus profondes altérations que la faune de la mère-contrée de E 1 et E 2 pendant l'intervalle de temps qui s'est écoulé entre le dépôt E 1 et celui appelé E 2 ; en d'autres termes, il doit prouver que plus d'un douzième des espèces de D ont disparu, et plus de 8 ou 9 sur 100 de nouvelles espèces ont fait apparition à travers l'espace entre *d* 4 et *d* 5. Or, autant que j'ai pu le savoir de M. Barrande, on ne possède jusqu'à présent aucun détail assez précis sur les fossiles de ces deux divisions pour être en droit d'admettre que la quantité de fluctuation des deux faunes, dans la période dont il est question, fut très inégale. Pendant l'ère qui s'écoula entre E 1 et E 2 se déposèrent les couches de schiste micacé et grès du système D, sur plus de 915 mètres d'épaisseur, et tandis que s'accumulait cette masse immense de roches, quelques espèces disparurent, un plus grand nombre survécurent et peuplèrent *d* 4 et *d* 5 ; d'autres fossiles furent spéciaux à chacune de ces sous-divisions.

Des roches trappéennes accompagnent les *lits à Colonies* E 1, et leur sont décidément contemporaines. Parfois on rencontre une orthocère enveloppée de greenstone, avec cailloux roulés et fragments angulaires de trapp entremêlés avec les fossiles de la colonie.

On observe aussi, à la base de E 2, des intrusions de roches ignées semblables, et M. Barrande, avec raison, invoque ces représentants volcaniques à l'appui de son hypothèse de changements antérieurs de niveau par lesquels une barrière jadis existante de terre ferme aurait pu s'abaisser temporairement, et permettre aux courants d'eau salée d'affluer du N.-E., pour introduire la faune E 1 dans une région d'abord occupée par D ; une répétition, ajoute-t-il, d'oscillations semblables, aurait forcé plus tard les colons à la retraite, et amené le retour subséquent de plusieurs d'entre eux à l'époque où la faune E 2 obtint un domicile fixe en Bohême. Des courants chauds, comme le Gulf Stream, débouchant dans une mer froide, apporteraient avec eux tout un ensemble d'espèces propres à un milieu plus chaud qui se substitueraient ainsi aux indigènes de la mer plus froide, tandis que des courants froids envahissant une mer chaude produiraient des phénomènes analogues. Dans chacun des cas, le long des bords de l'espace colonisé, quelques membres de la faune indigène primitive maintiendraient leurs possessions territoriales contre les nouveaux venus ; et, précisément ceci explique comment sur les points où le dépôt E 1 vient à s'amincir de manière à ne plus présenter que l'épaisseur de quelques centimètres, quelques espèces de D sont mêlées à celles de E 1.

Il sera peut-être utile d'ajouter qu'à travers E 2 (formation calcaire qui mesure seulement 150 mètres de puissance), M. Barrande a recueilli plus de neuf cents espèces fossiles d'invertébrés. Le groupe de couches passe à F, dans sa partie supérieure, ce second groupe à G, et G à H, chacun d'eux montrant vers les points de contact un si grand nombre d'espèces communes que M. Barrande s'est cru obligé de considérer le tout comme un seul système ; toutefois, comme résultat moyen des changements, lorsqu'on compare les deux extrémités de la série, on trouve seulement 1 pour 100 d'espèces communes à E 2 et H.

Plusieurs conclusions importantes découlent des faits, si nous admettons l'exactitude de ceux-ci et leur interprétation telle que nous l'avons développée précédemment. M. Barrande lui-même remarque : avant ses découvertes, un géologue eût-il trouvé sur quelque point en Europe, au N.-E. de Prague, des roches caractérisées par les fossiles de E 1, il les eût indubitablement regardées comme appartenant au Silurien Supérieur, au lieu de les assigner à leur véritable époque, savoir à celle de D du Silurien Inférieur. D'un autre côté, la faune D, après son expulsion totale de la région de Prague, eût-elle continué à vivre ailleurs sous une forme légèrement modifiée, par exemple sous celle de *d* 6 (ainsi désignée dans la nomenclature de Barrande), une telle faune aurait très certainement été confondue plus tard avec celle du Silurien Inférieur, bien qu'en réalité elle soit contemporaine de couches généralement classées par les géologues comme Silurien Supérieur.

L'esprit peut avec raison s'alarmer de la confusion à laquelle sont exposées diverses questions de chronologie géologique, lorsqu'il faut compter avec d'anciens dépôts existants sur la limite de provinces distinctes de populations organiques. Mais une pensée consolante nous reste, c'est que toute cette ambiguïté ne découle en définitive que de l'étroite harmonie existant entre les conditions présente et ancienne du globe, et des lois imposées aux changements soit des êtres organisés qui l'habitent, soit des corps inorganiques qui le composent. Aussi longtemps que nous aurons confiance dans la doctrine des causes actuelles, nous posséderons la clef pour interpréter les mystères des temps passés, et nous ne devrons pas désespérer ; mais, eussions-nous admis la théorie contraire, c'est-à-dire qu'aux époques reculées les causes auraient été différentes soit en nature, soit en intensité, notre science continuait pour jamais à n'être qu'un simple jeu de conjectures ou d'ingénieuses spéculations.

ANCIENNETÉ D'OISEAUX FOSSILES. (P. 213, t. II.)

Depuis l'impression du tableau (p. 213, t. II), qui date de 1854, les premières preuves constatant l'apparition de cette grande classe de vertébrés au sein des couches ont reculé vers le temps ; il faut les placer aujourd'hui à un niveau plus bas dans la série Tertiaire. Vers le commencement de 1855 furent signalés à Meudon près de Paris, à la base de l'Argile Plastique, le tibia et le fémur d'un grand oiseau dont la taille égalait au moins celle de l'autruche. Cet oiseau, auquel on a donné le nom de *Gastornis Parisiensis*, paraîtrait, d'après les mémoires de MM. Hébert, Lartet et Owen, appartenir à un genre éteint. Le professeur Owen le rapporte à la classe des oiseaux terrestres de rivage, plutôt qu'à une espèce aquatique (1).

La formation, si exploitée dans un but économique, de l'Argile Plastique des environs de Paris, et des argiles ou sables qui lui correspondent en âge dans le voisinage de Londres, n'avait cependant fourni jusqu'à présent aucun vestige de bipède ailé ; la découverte nouvelle nous apprend combien il faut encore apporter de soins dans toutes les recherches ou interprétations ostéologiques relatives aux oiseaux, avant que l'existence de cette classe de vertébrés soit constatée par des preuves plus positives que la simple empreinte supposée de leurs pas.

(1) *Quart. Geol. Journ.*, vol. XII, p. 204, 1856.

Paris. — Imprimerie de L. MARTINET, rue Mignon, 2.

L'INGÉNIEUR

REVUE SCIENTIFIQUE ET CRITIQUE

DES

TRAVAUX PUBLICS ET DE L'INDUSTRIE.

M. V. AVRIL, DIRECTEUR.

NOUVELLE SÉRIE PUBLIÉE

PAR LES LIBRAIRES VICTOR MASSON, LANGLOIS ET LECLERCQ.

La nouvelle série de l'*Ingénieur* paraît le premier de chaque mois, à partir de Janvier 1857, par cahiers comprenant la valeur de six planches gravées grand in-4 et de deux à trois feuilles de texte même format. Les douze cahiers forment chaque année un volume de texte et un atlas représentant environ soixante-douze planches in-4. L'abonnement part du 1er Janvier et n'est reçu que pour l'année entière.

PRIX : POUR PARIS. . . 16 fr. | POUR LES DÉPARTEMENTS. . . 18 fr.

ÉTRANGER :

Autriche, Bade, Bavière (jusqu'à la frontière française. . 18 fr.
Bolivie, Californie, Chili, Espagne, États Romains 24
Tous les autres États de l'Europe et des deux Amériques. . . 20

NOTA. — MM. les Souscripteurs de l'Étranger devront recourir à un Libraire de leur ville ou envoyer un mandat sur Paris.

VENTE DES COLLECTIONS.

L'année 1852, 1 vol. gr. in-8 avec 10 pl., 2e édit. . . 10 fr.
De l'année 1853, il ne reste que les cahiers de Juin à Décembre, format in-8. 5
De l'année 1854, restent quelques exemplaires de Mai à Décembre, 1 vol. in-4 avec 11 planches in-folio. 10
L'année 1855, 1 vol grand in-4 avec la valeur de 48 planches du même format, et figures dans le texte. 15
L'année 1856, 1 volume grand in-4 avec la valeur de 62 planches. 15

S'adresser pour tout ce qui concerne l'*Ingénieur*, à la Librairie VICTOR MASSON.

Paris. — Imprimerie de L. MARTINET, rue Mignon, 2.

www.ingramcontent.com/pod-product-compliance
Ingram Content Group UK Ltd.
Pitfield, Milton Keynes, MK11 3LW, UK
UKHW021012200726
13857UKWH00004B/1411